农产品安全生产技术丛书

丝瓜、西葫芦、南瓜
安全生产技术指南

高坤金　温吉华　主编

中国农业出版社

图书在版编目（CIP）数据

丝瓜、西葫芦、南瓜安全生产技术指南/高坤金，
温吉华主编．—北京：中国农业出版社，2011.10
（农产品安全生产技术丛书）
ISBN 978-7-109-16121-4

Ⅰ.①丝…　Ⅱ.①高…②温…　Ⅲ.①丝瓜－蔬菜园
艺－指南②西葫芦－蔬菜园艺－指南③南瓜－蔬菜园艺－
指南　Ⅳ.①S642-62

中国版本图书馆 CIP 数据核字（2011）第 197193 号

中国农业出版社出版
（北京市朝阳区农展馆北路 2 号）
（邮政编码 100125）
责任编辑　徐建华

北京通州皇家印刷厂印刷　　新华书店北京发行所发行
2012 年 1 月第 1 版　2012 年 1 月北京第 1 次印刷

开本：850mm×1168mm　1/32　印张：8
字数：201 千字
定价：16.00 元
（凡本版图书出现印刷、装订错误，请向出版社发行部调换）

编写人员

主　　编	高坤金	温吉华
副 主 编	孙浩文	路尧章
	刘好波	宁安中
	高方红	高洁云
	宁学源	隋晶利
参编人员	汪世峰	秦咏梅
	梁俊江	牟建进
	邵崇义	孙常萍
	杨殿军	秦　清
	张译文	刘新渠
	吴庆兰	温绍莲
	王桂强	张秀昌

目 录

第一章

丝瓜、西葫芦、南瓜的重要性

第一节　丝瓜、西葫芦、南瓜是蔬菜家族的重要成员

　　蔬菜是农业生产中不可缺少的组成部分,也是人们日常饮食中必不可少的食物之一,在我国则是仅次于粮食的重要副食品。我们所食用的蔬菜中,既有植物的根、茎、叶、花、果实和种子等器官,也有菌类的子实体等。因此,可以将凡是以柔嫩多汁的器官作为副食品的一、二年生及多年生的草本植物、少数木本植物的嫩茎嫩芽、菌类、藻类、蕨类等统称为蔬菜。蔬菜植物的种类多,范围广,世界上栽培的有 860 种,野生蔬菜种类更多,有不少已栽培驯化为新的蔬菜种类。初步统计,我国现今栽培的蔬菜种类有 209 种,其中,普遍栽培的种类有 60～120 种。蔬菜的分类通常有按植物学分类、按食用器官分类、按农业生物学分类 3 种方法。在植物学分类中,丝瓜、西葫芦、南瓜属于双子叶植物的葫芦科;在食用器官分类中,丝瓜、西葫芦、南瓜属于果菜类;在农业生物学分类中,丝瓜、西葫芦、南瓜属于瓜类蔬菜。

　　瓜类蔬菜是全世界包括我国在内的重要蔬菜作物,在生产和消费中占有重要位置。

　　丝瓜是以嫩果供食用的蔬菜,原产于印度,6 世纪传入我国，我国南方栽培较普遍，近年来我国北方栽培面积逐年扩大，尤其是从南方引进一些优良品种后，采取相应栽培措施，丝瓜的面积、产量和品质不断提高。

20 世纪 80 年代以前，由于我国园艺设施落后和栽培技术水平较低，西葫芦仅限于露地栽培，且以农民自种自食为主。进入 20 世纪 80 年代后，园艺设施和栽培技术水平有了突飞猛进的发展，广大菜农将西葫芦作为小拱棚和塑料大棚的主栽品种进行早春和秋延迟生产，产量和效益大幅度提高，使西葫芦逐步发展成为主要商品蔬菜之一。进入 90 年代以后，冬暖式大棚和嫁接技术普遍应用，西葫芦在秋延迟和早春栽培的基础上逐步发展成为深冬栽培，西葫芦也像黄瓜等蔬菜一样，能在春节前后上市，即补充了蔬菜的淡季市场，又提高了经济效益。1992 年西葫芦与黑籽南瓜嫁接取得成功，使西葫芦的形态发生了重大变化，生长速度加快，蔓长达 5～7 米，极耐低温，根系极为强大，结果期由 100 天左右变成 240 多天。山东省寿光市率先进行西葫芦规模化生产，曾达到每天 7.5 万～10 万千克的产量，最高日产达到 26 万千克，创造了西葫芦栽培历史上的最高水平，西葫芦成为仅次于黄瓜总产的主要商品蔬菜之一。

南瓜原产于北美洲，在北美、欧洲普遍栽培，我国各地都有栽种，日本则以北海道为大宗。南瓜嫩果味甘适口，是夏秋季节的瓜菜之一。南瓜在西方常用来做成南瓜派（即南瓜甜饼），在欧洲主要用作蔬菜，在美国与加拿大则做成南瓜馅饼用作感恩节和圣诞节的餐后甜点，在美国还将南瓜制成南瓜灯用作万圣节的装饰品；在我国也将南瓜的老瓜作饲料或杂粮，所以有很多地方又称其为饭瓜；南瓜的瓜子可以做零食，且深受我国人民喜爱。

第二节 丝瓜、西葫芦、南瓜的营养及药用价值

一、营养价值

1. 丝瓜 丝瓜所含各类营养在蔬菜类食物中较高。据测定，每 100 克丝瓜果肉含水分 92.9 克、蛋白质 1.5 克、碳水化合物 4.5 克、脂肪 0.1 克、粗纤维 0.5 克、维生素 C 8.0 毫克、胡萝卜素 0.32 毫克、钾 156.0 毫克、钠 3.7 毫克、钙 28.0 毫克、镁 11.0 毫克、磷 45.0 毫克、铁 0.8 毫克、核黄素 0.03～0.06 毫克、尼克酸 0.3～0.5 毫克、抗坏血酸 5～8 毫克。丝瓜中蛋白质含量比黄瓜、冬瓜高出 2～3 倍，钙的含量比其他瓜类高出 1～2 倍。丝瓜还含有皂苷、丝瓜苦味素、多量的黏液、瓜氨酸及脂肪等。丝瓜种子含有脂肪油及磷脂等。

2. 西葫芦 西葫芦含有较多的维生素 C、葡萄糖等营养物质，尤其是钙的含量极高。据测定，不同品种每 100 克可食部分（鲜重）含蛋白质 0.6～0.9 克、脂肪 0.1～0.2 克、纤维素 0.8～0.9 克、糖类 2.5～3.3 克、维生素 C 2.5～9 毫克、钙 22～29 毫克、胡萝卜素 20～40 微克。

3. 南瓜 南瓜含有丰富的瓜氨酸、精氨酸、天门冬酸、多种不饱和脂肪酸、葫芦巴碱、腺嘌呤、胡萝卜素、葡萄糖、蔗糖、戊聚糖、甘露醇、大量的维生素 B、维生素 C、维生素 E 及多种微量元素如镁、铁、铜、硒、锌等。每 100 克含蛋白质 0.6 克、脂肪 0.1 克、碳水化合物 5.7 克、粗纤维 1.1 克、灰分 0.6 克、钙 10 毫克、磷 32 毫克、铁 0.5 毫克、胡萝卜素 0.57 毫克、核黄素 0.04 毫克、尼克酸 0.7 毫克、抗坏血酸 5 毫克。

二、药用价值

1. 丝瓜 丝瓜具有很高的药用价值，全身都可入药。祖国传统医学认为，丝瓜性凉、味甘，具有清热、解毒、凉血止血、通经络、行血脉、美容抗癌等功效，并可治疗诸如痰喘咳嗽、乳汁不通、热病烦渴、筋骨酸痛、便血等病症。

丝瓜全身是宝，其种子、叶、花、藤、根、络均可利用。丝瓜藤常用于通筋活络、祛痰镇咳。专家研究发现，丝瓜藤茎的汁液具有美容去皱的特殊功能。丝瓜粒则可用于治疗月经不调、腰痛不止、便秘、食积黄疸等症。丝瓜皮主治疮、疖。丝瓜花清热解毒。丝瓜叶内服清暑解热，外用消炎杀菌，治痱毒痈疮。丝瓜根有消炎杀菌、去腐生肌之效。老丝瓜干后制成药材称为丝瓜络，以通络见长，用于治疗胸肋痛、筋骨酸痛、乳痛肿等症。丝瓜中维生素 C 含量较高，可用于抗坏血病及预防各种维生素 C 缺乏症。丝瓜提取物对乙型脑炎病毒有明显预防作用，在丝瓜组织培养液中还提取到泻根醇酸，泻根醇酸有很强的抗过敏作用。

丝瓜中含有防止皮肤老化的维生素 B_1、增白皮肤的维生素 C 等成分，能保护皮肤、消除斑块，使皮肤洁白、细嫩，是不可多得的美容佳品，故丝瓜汁有"美人水"之称。丝瓜独有的干扰素诱生剂可刺激肌体产生干扰素，起到抗病毒、防癌抗癌的作用。丝瓜还含有皂甙类物质，具有一定的强心作用。研究证明，丝瓜汁还有清洁护肤、美容的功效，对于治疗皮肤色素沉着可起到一定作用。所含皂甙类物质、丝瓜苦味质、黏液质、木胶、瓜氨酸、木聚糖等物质对人体具有一定的保健作用。丝瓜中维生素 B 等含量高，有利于小儿大脑发育及中老年人大脑健康。丝瓜叶中的人参皂苷 Rg1 和 Re 具有促进记忆的获得、巩固和再现的功能。

近几年的研究发现丝瓜具有免疫调节作用。还有研究发现，丝瓜种子中含有一种小分子的核糖体失活蛋白，其具有抗生育、抗肿瘤、抗真菌和抑制艾滋病病毒等生物活性。

2. 西葫芦　西葫芦具有清热利尿、除烦止渴、润肺止咳、消肿散结等功能，可用于辅助治疗水肿腹胀、烦渴、疮毒以及肾炎、肝硬化腹水等症。

西葫芦富含水分，有润泽肌肤的作用；西葫芦能够调节人体代谢，具有减肥、抗癌防癌的功效；西葫芦中含有一种干扰素的诱生剂，可刺激机体产生干扰素，提高免疫力，发挥抗病毒和肿瘤的作用。

3. 南瓜　中医认为南瓜性温、味甘、具有补中益气、健脾暖胃、消炎止痛、解毒杀虫之功效。

南瓜能促进人体胰岛素的分泌，增强肝肾细胞的再生能力，可以有效地防治糖尿病、高血压和一些肝肾疾病。南瓜中还含有一种能分解亚硝胺的酵素（亚硝胺有致癌作用），因此，常吃南瓜可减少消化系统癌症的发生率。南瓜是胡萝卜素含量较多的瓜类蔬菜，每 100 克鲜南瓜中含胡萝卜素 2.4 毫克，其中的胡萝卜素被人体吸收后，在肝脏中可转化为维生素 A，具有防癌和抗癌作用。

南瓜中含硒和维生素 E 较高，多吃南瓜可以提高人体中硒的含量，降低癌症发病率；维生素 E 有抗氧化、抗衰老作用。另外，南瓜还具有预防前列腺肥大和增强性功能的特殊作用。南瓜子中含硒和锌也较多，常吃南瓜和南瓜子对人体大有益处。

第三节　丝瓜、西葫芦、南瓜的 经济意义

1. 丝瓜　丝瓜一般在夏秋季节供应市场，但随着人们对丝瓜经常性消费需求的日益旺盛，种植丝瓜的经济效益也逐渐走高，许多地方将丝瓜作为农业结构调整项目进行规模化、集约化

发展，成为农村经济的新增长点。丝瓜生产也由过去单一的露地栽培模式发展成日光温室、大棚、小棚、露地等多种栽培模式，在我国的江淮流域基本形成了周年生产、周年供应的局面。中国科学院南京地理与湖泊研究所等单位将丝瓜在水面上栽培，不仅获得了较高的经济效益，还净化了食品工业废水（啤酒肥水），取得了良好的生态效益。

除作为蔬菜食用和制作药品外，丝瓜络还被广泛应用于日常生活及工业生产等领域。用丝瓜络制作的卫浴用品、鞋垫、拖鞋等产品不仅受到国人的喜爱，也受到国外环保主义者的极力推崇；近年来，丝瓜络还被用于各种发动机的滤油、空调装置的滤气及光学仪器镜头磨光材料等，为丝瓜络开辟了新的用途。

2. 西葫芦　西葫芦是一种生长期短、见效快的蔬菜，具有较耐贮运、产量高、适宜间作套种等优点，栽培面积不断扩大。我国每年都有部分西葫芦向俄罗斯和东南亚出口，除国产品种外，一些来自美国、荷兰、韩国的品种在市场上很受消费者欢迎。

3. 南瓜　与西瓜、甜瓜相比，南瓜种植技术简单，对环境条件要求不严，投资成本低，产量与西瓜相当，666.7 平方米可产 3 000～4 000 千克，高产可达 5 000 千克以上，经济效益较高。老熟南瓜耐贮藏运输，在我国南北各地普遍栽培，对调节市场供应有重要意义。

第二章

丝瓜、西葫芦、南瓜
安全生产的控制

第一节　影响蔬菜安全的因素

影响蔬菜产品质量安全的因素，错综复杂，综合分析，主要有八个方面。

一、生产环境因素

一是工业污染。工业污染多集中在城市及其周围，对蔬菜生产影响较大。特别是乡镇企业的发展增加了菜地尤其是城郊菜地土壤、大气中有毒物质的含量。据统计，1997 年全国受工业"三废"污染的农田总面积达 486.25 万公顷，占耕地总面积的 5.7%，其中水源污染 266.8 万公顷、废气污染 107.69 万公顷、固体废弃物污染 29.23 万公顷。二是化肥流失对环境造成的危害。化肥（主要是氮肥）中的营养元素经地表径流和淋溶作用进入水体，引起水体富营养化，导致藻类等水生生物大量繁殖，水中溶解氧急剧下降，水质恶化，鱼虾大量死亡。氮肥的流失还造成土壤和地下水污染，导致硝酸盐、亚硝酸盐含量升高，影响人畜健康。三是农药对环境的污染和危害。就我国目前的植保器械及施药技术水平，农药在喷施过程中，仅有 20%～30% 吸附在植物上或被植物吸收，大部分药液漂浮在空气中或滴落在地面上，不仅病虫草害的防效低，而且还会造成蔬菜产品污染以及空气、土壤、水体等环境污染，再通过食物链对包括人类的几乎所有生物产生危害。

二、农业投入品因素

一是农药产品结构不合理，剂型不配套。据统计，全世界农药市场的组成（以销售额计）为：杀虫剂占 28%、杀菌剂占 19%、除草剂占 48%、其他占 5%。而我国农药产品组成为：杀虫剂占 72%、杀菌剂占 11%、除草剂占 15%、其他占 2%。杀虫剂中有机磷农药占 70%，有机磷农药中高毒农药占 70%，剧毒有机磷农药占整个农药产量的 35%，占杀虫剂产量的 48%。剧毒、高毒杀虫剂产量过大是造成蔬菜残留量超标而引起中毒的客观原因。此外，我国生产的所有农药制剂中，乳油、可湿性粉剂等剂型占到 60% 以上，成为影响环境质量和人体健康的潜在因素。二是大多数菜农文化素质不高，既不关心农药特性（如高毒、剧毒、内吸、致残等），也不愿执行按农药的安全使用准则，而随意加大使用剂量，甚至超范围使用。三是农业投入品包装物的二次污染。主要是有毒、有害农业投入品的包装物的随意丢弃和二次重复利用所带来的蔬菜产品和生产环境污染。

三、生产技术普及因素

尽管各级政府在全力强化"公共植保"理念，各级技术推广部门大力推广"绿色植保"技术，但目前还没有真正建立起农产品质量安全急需的技术支持体系，先进生产技术规范的推广、落实仍不到位。主要表现：一是病虫害测报信息覆盖面窄、入户率低，农民在病虫害防治中存在盲目性，先进技术与生产过程脱节；二是已经成熟的农业、物理、生物等综合防治技术难以普

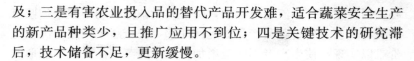

及；三是有害农业投入品的替代产品开发难，适合蔬菜安全生产的新产品种类少，且推广应用不到位；四是关键技术的研究滞后，技术储备不足，更新缓慢。

四、加工水平因素

一是添加剂超量使用。中国消费者协会曾经对市场上销售的百余种食品包括酱菜中所含的食品添加剂情况进行了测试，结果发现，酱菜类食品中，有 1/3 的样本糖精钠含量超出国家标准限量值，有的样本的甜蜜素含量高达 15 811.14 毫克/千克，是国家使用限量值的 2.5 倍；此外，酱菜中苯甲酸含量超标，有的竟超出国家允许限量值的 4 倍之多。国家规定的防腐剂含量标准在 0.5％左右，但很多不正规的生产厂商，由于产品周转速度慢，为了延长食品的保存期，常常超量添加防腐剂。二是标识不符合规定，有误导消费者之嫌。很多消费者一看防腐剂就害怕，专拣"纯天然"的买。一些食品生产企业为了迎合消费者的这种心理，故意在标签中隐去食品添加剂，甚至写上"不含防腐剂"、"不含任何食品添加剂"的字样，这很不科学，因为在现有技术条件下企业也很难做到。三是原料质量难以保证。不仅缺乏蔬菜加工业发展需要的专用、优质原料，现有蔬菜品种也因生产分散而难以保证质量。四是加工设施和工艺简陋，安全隐患不容忽视。尤其是小作坊式生产，不仅卫生条件差，而且乱用添加剂的现象也很突出。

五、质量诚信机制因素

在蔬菜安全生产的控害过程中，优先运用农业、物理、生物等措施，必然会增加生产成本，降低产量，提升生产者风险，只有实现优质优价，获得较高收益，才能激发种植者安全生产的信心。但在蔬菜产品流通过程中，由于质量诚信机制不健全，城市消费者普遍对所售蔬菜产品缺乏信任感，安全蔬菜产品的优质优价难以实现，使生产者不愿意增加投入，蔬菜产品质量不能形成良性循环。

六、组织化程度因素

在以土地分散经营和农民自由种植为主的模式下，难以组织规模化的蔬菜生产，蔬菜产品质量安全与单个农户自身利益结合不够紧密，加大了安全蔬菜生产措施推广、品牌培育和监管难度。

七、保障机制因素

虽然国家出台了《农产品质量安全法》，各级地方政府在生产和销售环节也相应采取了各种措施，但蔬菜产品质量安全问题仍未从根本上得到解决。为此，国务院办公厅于 2010 年发布了《国务院办公厅关于统筹推进新一轮"菜篮子"工程建设的意见》，其中对农产品质量安全提出了具体的工作要求和目标，为我国下一阶段"菜篮子"工程的实施提供了保障。

八、经营和管理体制因素

目前，我国蔬菜多以农户分散经营为主，企业与农户不能形成有效的利益共同体，质量追溯制度没有有效的载体，质量安全管理点对点治理不能有效实现。加上，蔬菜质量安全管理政出多门，多头管理，多个部门都不同程度的参与蔬菜产品质量安全管理，部门之间缺乏明确的职能分工，有些职能交叉严重，某些部门又出现管理真空，部门执法也存在脱节、分散的问题，相关政策不配套和立法工作滞后，质量整治效果有限而且还会经常反复。

第二节 安全生产的政策措施

安全蔬菜在生产过程中不能受环境的污染，也不能污染生产环境，只有保持生态平衡或发展优良的生态环境，才能使蔬菜生产获得持续发展；在加工、运输及销售的过程中，也不能加入对人和动物有害、有毒的物质。只有确保人体或动物生命安全的蔬菜才能成为安全蔬菜。要保证我国蔬菜的安全生产，必须采取切实有效的对策和措施。

一、改变生产经营方式，提高生产经营的组织化程度

组织化程度的高低直接影响产品的质量控制能力及蔬菜安全管理政策（如蔬菜标识管理、蔬菜安全追溯和承诺制度等）的实施效率。提高组织化程度的途径，一是鼓励和支持农产品龙头企业走"企业＋基地＋农户"之路，通过建立蔬菜生产基地，与农户结成利益共同体，促进蔬菜生产区域化、供货组织化，并根据市场需求带动生产者调整蔬菜品种和结构布局。二是积极扶持和发展专业技术协会、流通协会等农村专业合作经济组织，通过合作社（协会）＋农户等产业化经营方式，提高蔬菜生产规模化和组织化程度，提升蔬菜产品质量安全水平。三是建立蔬菜市场准入制度。将超小规模经营者拒之门外，促进市场信息传递，减少经营者的流动性和机会主义行为。

二、制定与完善蔬菜标准化体系，推行蔬菜标准化生产

蔬菜标准化生产就是蔬菜生产的产前、产中、产后等环节以

及包装、加工、经营、销售等活动，必须以安全、优质、环保为原则，严格按照国际、国内标准，进行全程控制。当前，标准化工作的首要任务是建立完善的标准化体系。一方面，要进一步完善已制定的《农副产品安全生产技术规程》、《农药合理使用标准》、《农药残留检测标准》等相关标准，新制定相应的《蔬菜安全生产技术规程》、《蔬菜产品检测标准》等，量化、细化蔬菜种苗、农资质量、蔬菜生产环境、采收、储运、加工等环节的标准要求，标准制定过程透明度要高，标准不仅要先进实用，与法律法规衔接较好，而且配套性、系统性强。另一方面，在蔬菜产销过程中，要大力宣传推广农业规范（GAP）、良好操作规范（GMP）、危害分析和关键点控制（HACCP）、国际标准体系（ISO 9000、ISO 14000）等现代卫生安全质量标准，逐步实现蔬菜的标准化生产，并与国际接轨。

三、制定与完善蔬菜质量安全法律法规体系，促使蔬菜安全管理法制化

健全的法律体系和严格的法律制裁可以使人们更讲信誉。发达国家对农产品的质量安全管理都有比较完善的法律法规，从而为有关农产品质量安全方面的标准制定及实施、产品的质量检测检验、质量认证、信息服务等工作的实施提供强有力的法律保障。为此，在系统收集和比较国内外相关法规的基础上，应加快制定和修改国内的相关法规，尽快制定《蔬菜产品安全质量法》或《蔬菜产品质量安全管理条例》，以满足当前工作的需要。

四、加强技术研究和推广，充分发挥技术对安全管理的支撑作用

农产品安全风险实质上就是科学技术应用的风险，这种风险

也只有通过科学的手段才能加以识别和控制。科学贯穿于农产品安全风险分析、风险管理和信息交流的全过程。为此，政府应高度重视科学研究在蔬菜安全管理中的作用，组织、调动和协调相关科研资源，增加预算和投入，加强蔬菜安全管理前沿问题研究，如加强蔬菜产品质量安全关键控制技术和综合配套技术的研究，建立健全农药残留监测体系，提高、强化农药残留检验手段，在现有速测技术的基础上，研制新型农药、有毒有害物质的速测技术，提高蔬菜中农药、有毒有害物质检测的灵敏度和精确度；积极研究和推广蔬菜产品产地环境净化技术；研究和推广生产与流通中蔬菜保鲜的方法以及对污染、化学危险和泄露的评估方法等。

五、摸清家底，完善蔬菜质量安全定点跟踪监测制度

完善、系统的监测与评价背景资料是科学制定蔬菜安全管理法规、标准的前提，也是实施"良好农业规范"（GAP）、"良好生产规范"（GMP）和危害分析与关键控制点分析（HACCP）等先进安全控制技术的前提。为此，政府应定期或不定期开展蔬菜产品产地环境的污染水平、污染因子、污染源及其变化趋势的调研；摸清蔬菜中的农药残留以及生物毒素等的污染状况，对健康危害大而贸易中又十分敏感的污染物的污染状况应设立定点检测，并加强农业投入品监管力度。

六、建立信息服务网络，促进蔬菜质量信号的有效传递

建立良好的质量信号传递机制有助于解决蔬菜质量的市场失灵。我国蔬菜生产、经营者文化素质低，生产经营规模小，而蔬

菜产业链较长，致使信息标签管理、企业信誉机制等难以发挥作用。为使公众具有在权衡风险及益处后由其自身进行选择的权力，政府的信息服务重点是提供公共信息和教育信息，及时向蔬菜生产、加工、经营和使用者提供有关生活、农资、市场、生产技术及病虫害预测预报等多种信息服务。如定期公布质量抽检结果，对具有良好声誉的企业进行宣传报道，建立各类蔬菜营养信息数据库，对消费者、生产者和系统从业人员进行专业知识培训与教育等。

第三节　安全生产的过程控制

蔬菜安全生产的策略是：首先，在无工厂废气、废水、废渣污染的基地种植，保证其生长在安全的生态环境中。其次，增施有机肥，尽量使用腐熟农家肥，进行配方施肥，科学、合理使用化肥，控制使用化学氮肥，避免蔬菜中硝酸盐含量超标。三是，运用"绿色植保"技术控制病虫草害，以农业防治为基础，优先应用物理、生物防治技术，科学使用高效低毒低残留的化学农药，严格控制浓度、用量、安全间隔期，生产过程中绝对禁止使用高毒高残留农药。

一、选择安全的种植基地

（一）种植基地选择的原则

选择种植地是安全生产的基础。选择种植地时，一般应遵循以下原则。

1. 种植地的大气、土壤和水质无污染　种植地周围没有污染大气的污染源，土壤不能含有重金属元素和有毒性的有害物质和剧毒农药残留，生产用水不得含有污染物，特别是不能含有重金属元素和有毒性的有害物质。

2. 生产基地的环境（包括大气、水质、土壤和气候条件）应适宜于蔬菜生长，而且其生态环境有利于天敌的繁衍。

3. 生产基地应安排在城镇的中远郊区，远离工矿区和住宅区，并严禁开设对基地环境有污染的工厂，严格控制生活污水的排放，避免工业"三废"和城镇"生活三废"等多种污染。

4. 生产基地的环境应定期进行监测并严格保护，杜绝污染。

5. 生产基地的地势要平坦，灌溉与排水方便，便于统一规划，规模生产。基地周围要有便利的交通，便于产品的运输与销售。

总之，蔬菜生产基地的农业生态环境必须经过环境监测部门检测，并在大气、水质和土壤环境质量上达到规定的指标。

（二）种植地的标准要求

选择种植地时，其温度、光照、水分、气体、土壤及养分等环境条件既要满足丝瓜、西葫芦、南瓜的生长发育要求，又必须符合国家有关标准。

1. 地域及面积要求　丝瓜、西葫芦、南瓜安全生产基地应避开交通要道，远离公路 100 米以上，周围 2 000 米内没有大气污染源；地表水、地下水水质清洁无污染，并远离易对水质造成污染的厂矿企业等。

2. 产地灌溉水质标准　灌溉水质量应符合 NY 5010—2001 标准的规定。

表 1　灌溉水质量指标　　　　单位：毫克/升

	项　　目		极限指标		项　　目		极限指标
1	生物需氧量	≤	80	5	含盐量	≤	1 000
2	化学需氧量	≤	150	6	氯化物	≤	250
3	悬浮物	≤	100	7	硫化物	≤	1.0
4	酸碱度	≤	5.5～8.5	8	总汞	≤	0.001

（续）

项 目		极限指标	项 目		极限指标
9	总镉 ≤	0.005	17	苯 ≤	2.5
10	总砷 ≤	0.05	18	三氯乙醛 ≤	0.5
11	总铬 Cr ≤	0.10	19	丙烯醛 ≤	0.5
12	总铅 ≤	0.10	20	硼 ≤	2.0
13	氟化物 ≤	2.0	21	粪大肠菌群 ≤	10 000
14	氰化物 ≤	0.50	22	蛔虫卵数 ≤	2
15	石油类 ≤	1.0	23	水温 ≤	35℃
16	挥发酚 ≤	1.0			

3. 产地空气质量标准 产地环境空气质量应符合 NY 5010—2001 标准的规定。

表 2 空气质量指标

项 目	日平均浓度	任何一次实测浓度	单 位
总悬浮颗粒物	0.30		毫克/立方米（标准状态）
二氧化硫	0.15	0.50	毫克/立方米（标准状态）
氮氧化物	0.10	0.15	毫克/立方米（标准状态）
铅	1.50		微克/立方米（标准状态）
氟化物	5.00		微克/平方米·日

4. 产地土壤质量标准 产地土壤质量应符合 NY 5010—2001 标准的规定。土壤的酸碱性不同，其镉、汞、砷、铅、铬、铜等含量标准略有差别。

表 3 土壤环境质量标准 单位：毫克/千克

项 目	极限指标		
	pH<6.5	pH6.5～7.5	pH>7.5
1 镉≤	0.3	0.30	0.60

（续）

项　　目	极限指标		
	pH＜6.5	pH6.5～7.5	pH＞7.5
2 汞≤	0.3	0.5	1.0
3 砷≤	40	30	25
4 铜≤	50	100	100
5 铅≤	250	300	350
6 铬≤	150	200	250
7 锌≤	200	250	300
8 镍≤	40	40	60
9 六六六≤	0.05	0.05	1.0
10 DDT≤	0.05	0.05	1.0

　　只有在符合上述产地环境条件的地区内，才会生产出符合安全质量要求的丝瓜、西葫芦、南瓜。因此，在选择丝瓜生产基地时，必须严格执行以上标准，确保在生态环境达标区内组织生产。

二、合理选用化肥

　　丝瓜、西葫芦、南瓜安全生产中，施肥除满足营养供应外，还必须考虑到土壤改良与地力培肥，因而肥料的选择和使用至关重要。肥料的选用应注意以下几点：

　　1. 增施有机肥，减少化学肥料的施入量　增施腐熟的堆肥、畜禽肥等厩肥以及绿肥等，尽量减少化肥用量，杜绝偏施氮肥。增施有机肥可以增加土壤有机质含量，改善土壤物理性状，提高土壤肥力，改良沙性土壤，提高土壤容量，还能促进土壤对有毒物质的吸附作用，提高土壤自净化能力。有机质又是还原剂，可促进土壤中的镉形成硫化镉沉淀物。要逐渐减少化肥用量，尤其要严格防止过量施用氮肥，逐步做到少施用或不施用硝酸铵、硝酸钾、碳酸氢铵和尿素等氮肥，注意增施磷、钾复合肥和微量元素肥料，严禁施用重金属和有毒物质超标的肥料。

2. 提倡使用菌肥和生物制剂肥料　生物菌肥不能代替肥料，但可以利用生物菌肥对畜禽粪便进行二次发酵。生物制剂肥料不仅对环境污染很低，还可用作秸秆还田，增加土壤有机质。

3. 防止水土污染　禁止在丝瓜地上施用未经处理的垃圾和污泥，严禁污水灌溉。

4. 抑制土壤氧化-还原状况　为防止土壤的污染还可以推行粮菜轮作、水旱轮作。

5. 施加抑制剂，调节土壤 pH，减少污染物的活性，降低丝瓜对放射性物质的吸收。

三、安全使用农药

迄今为止，世界各国注册的农药品种已有 1 500 多种，其中常用的有 300 多种。农药的种类不同，对病虫草害的防治效果、对环境和人畜的污染与危害也不相同。因此，科学、安全地使用农药，防止农药对环境和产品的污染，是生产无公害丝瓜、西葫芦、南瓜的关键。在使用农药过程中应注意以下几点：

1. 选用高效、低毒、低残留的化学农药　杀虫剂有吡虫啉、啶虫脒、阿克泰、噻虫胺等，呋虫胺、阿维菌素、甲胺基阿维菌素苯甲酸盐、富表甲胺基阿维菌素、茚虫威（安达）、全垒打、美满（特虫肼、虫酰肼）、呋喃虫酰肼（福先）、菜喜（多杀菌素）、催杀等。杀菌剂有烯唑醇、福星（氟硅唑）、好力克（戊唑醇）、世高（恶醚唑）、己唑醇（罗克）、翠贝、阿米西达、嘧菌酯、安泰生（丙森锌）、品润（代森联）、棚室使用的烟熏剂百菌清、速克灵、一熏灵等。杀螨剂有螨即死（喹螨醚）、螨危（螺螨酯）、除尽（溴虫腈）、罗素发（氟丙菊酯）等。

2. 禁止使用剧毒、高毒和高残留农药　禁止和限用的农药一般由农药管理部门根据农药的卫生毒理学和环境毒理学作预评价及再评价后确定。一般来说，高毒、剧毒、使用不安全的农药，具有各种慢性毒性作用的农药，高残留、高生物富集性的农药，含有特殊杂质的农药，致畸、致癌、致突变的农药，代谢产物有特殊作用以及对植物不安全的农药，易发生二次中毒及二次药害的农药，对环境和非靶性生物有害的农药会被禁用或限用。国家规定，高毒、高残留农药不准用于蔬菜。因此，在蔬菜安全生产上要禁止使用六六六、杀虫脒、赛力散、甲胺磷、嘧啶氧磷、一〇五九、氧化乐果、溴甲烷、一六〇五、敌枯双、滴滴涕、涕灭威、甲基一六〇五、久效磷、苏化203、氟乙酰胺、呋喃丹、甲基硫环磷、西力生、五氯酚钠、三九一一、杀虫威、三氯杀螨醇、二溴氯丙烷等剧毒、高毒和高残留农药。

3. 推广应用生物农药　丝瓜、西葫芦、南瓜主要病害防治中常用的生物农药有真菌杀菌剂、抗生素杀菌剂、海洋生物杀菌剂、植物杀菌剂；用于防治虫害的生物农药有植物杀虫剂、真菌杀虫剂、细菌杀虫剂、病毒杀虫剂、抗生素杀虫剂等。

4. 严格遵守农药使用准则，科学安全用药　我国农药使用准则国家标准中对农药的品种、剂型、施药方法、最高药量、常用药量、最高残留量、最后一次施药与收获的间隔天数和最多使用次数都做了具体规定，在使用农药时要针对病虫草害发生的种类和情况，选用合适的农药品种、剂型和有效成分。要根据规定适量用药，控制用药次数，不能随意加大用药量和增加施药次数。要严格遵守农药使用的安全间隔期，切不可在采收前后任意施药，以保证产品中农药残留量低于最大允许残留量。

四、采用先进的配套栽培技术

　　丝瓜、西葫芦、南瓜安全生产是一项系统的生态工程，它要求栽培、采收、运输、贮藏保鲜、加工直至销售的全过程都要减少和避免各种有毒物质与有害环境对产品的污染。在整个过程中，涉及多学科和多方面的组合与配套，缺少任何环节都很难确保产品不受污染。

1. 建设高标准菜田，改善田间生态条件 完善菜田的水利设施，配套排灌系统，确保旱能浇、涝能排。严禁污水灌溉和大水漫灌。

2. 种子处理 选用优质高产抗病品种，严格对种子进行消毒，培育壮苗。

3. 加强栽培管理 增施有机肥，提高土壤肥力，合理耕作，科学轮作，健身栽培，提高植株抗性，减少病虫害发生。

4. 选用适当形式的设施栽培和配套技术 根据实际，选用日光温室、塑料大棚、中棚或小拱棚，加强棚室内温、水、气、光的管理与调控，减少病虫草害，促进果实生长。有条件的可推广无土栽培技术和芽苗菜栽培技术。

5. 推广病虫草害绿色控制技术 注意清洁田园、棚室，进行土壤消毒、种子消毒及科学轮作，加强病虫害预测预报，优先运用农业、物理、生物等防治技术，如利用细菌、真菌、病毒、捕食性天敌和寄生性天敌等消灭害虫，利用昆虫外激素及内激素干扰、趋避或诱杀害虫，使用防虫网阻挡害虫等；还可以利用微生物等降解土壤中的农药残毒。

五、实施产品检测，确保产品符合安全标准

除定期对基地环境及在田产品进行检测外，还必须对市场销售的产品进行检测，只有检测合格的产品才允许上市销售。我国的食品安全等级分为：普通农产品—无公害农产品—绿色食品—有机食品。普通农产品食品在农村集市、菜场等随处可见，安全性无保障。绿色食品、有机食品生产环境要求严格，栽培技术难

度大，短时期内难以普及。无公害农产品注重产品的安全质量，其标准要求不是很高，适合我国当前的农业生产发展水平和国内消费者的需求，对于多数生产者来说，达到这一要求不是很难。因此，依据无公害蔬菜生产技术规程进行生产的即可视为安全生产，其安全标准主要包括产品标准、包装运输两个方面。

1. 产品标准 产品标准包括外观指标和卫生指标两方面。

外观指标要求产品新鲜，成熟适中，大小均匀，无畸形、病斑、虫斑，色泽光亮。

产品卫生指标要求产品中有毒有害物质残留控制在国家标准规定的限量范围内。即产品中不含有国家禁用的高毒、高残留农药，其他农药残留量不超标；硝酸盐、亚硝酸盐及重金属含量不超标。

表4 丝瓜产品卫生标准　　　单位：毫克/千克

项　　目		极限指标	项　　目		极限指标
镉	≤	0.05	马拉硫磷		不得检出
总砷	≤	0.5	对硫磷		不得检出
总汞	≤	0.01	铅	≤	0.2
氟	≤	1.0	铬	≤	0.4
六六六	≤	0.2	锌	≤	5.0
DDT	≤	0.1	苯并（a）	≤	0.001
DDV	≤	0.2	硝酸盐	≤	432
乐果	≤	1.0	亚硝酸盐	≤	7.8

2. 产品包装和运输 采收后应尽快整理，及时包装、运输。

包装应采用符合食品卫生标准的包装材料；有包装袋的丝瓜应有标签标志，注明产品名称、产地、采摘日期或包装日期、保存期、生产单位或经销单位、经认可的无公害标志。

运输必须采用无污染的交通运输工具，不得与有毒有害物品混装混运。运输时要轻装、轻卸、严防机械损伤。短途运输要严防日晒、雨淋；长途运输要注意保湿保鲜，防止老熟或腐烂。

3. 无公害（安全）丝瓜、西葫芦、南瓜的认证 无公害农产品必须由授权部门审定批准，并允许使用无公害标志。无公害农产品标志的标准颜色由绿色和橙色组成。标志图案主要由麦穗、对勾和无公害农产品字样组成，麦穗代表农产品，对勾表示合格，橙色寓意成熟和丰收，绿色象征环保和安全。标志图案直观、简洁、易于识别，涵义通俗易懂。无公害丝瓜产品应采用无公害农产品的标志。

无公害认证包括产地认证与产品认证两个方面。产地认证是产品认证的前提和必要条件，由省级农业行政主管部门组织实施，认定结果报农业部农产品质量安全中心编号、备案。产品认证是在产地认证的基础上对产品生产全过程的综合考核评价，由农业部农产品质量安全中心统一组织实施，认证结果报农业部、国家认监委公告。

产地认证程序：申请人向县级农业行政主管部门提交申请书，县级农业行政主管部门初步审查→符合要求的，通过市（地）农业行政主管部门逐级上报省级农业行政主管部门，省级农业行政主管部门对上报材料进行审查→合格的，省级农业行政主管部门组织对产地环境现场检查→合格的，委托进行环境监测→省级农业行政主管部门组织产地认定评审→合格的，颁发证书。产地认证有效期为3年。

产品认证程序：申请人向省级农业行政主管部门认证承办机构或直接向农业部农产品质量安全中心提交申请→省级农业行政主管部门认证承办机构进行初审及产品抽检→合格的，报农业部农产品质量安全中心专业分中心复审→农业部农产品质量安全中心终审、颁证。

为方便认证资格审查，加强产品认证与产地认证的衔接，原则上由县级农业行政主管部门的归口单位统一组织申报。

第三章
丝瓜安全生产技术

丝瓜又名天丝瓜、天罗、蛮瓜、绵瓜、布瓜、天罗瓜、鱼䱾、天吊瓜、纯阳瓜、天络丝、天罗布瓜、虞刺、洗锅罗瓜、天罗絮、纺线、天骷髅、菜瓜、水瓜、縑瓜、絮瓜、砌瓜、坭瓜。丝瓜属于双子叶葫芦科丝瓜属植物，生产上有普通丝瓜和有棱丝瓜两个栽培种。它起源于热带亚洲，大约在宋朝时（6世纪初）普通丝瓜传入中国，19世纪有棱丝瓜传入我国。丝瓜的适应性强，在我国南北均有栽培，是我国主要的瓜类蔬菜。普通丝瓜在我国长江流域及其以北各省区栽培较多，有棱丝瓜主要在华南栽培。

第一节　植物学特性

一、根系

丝瓜属于深根系植物，其根系由主根、侧根和须根构成。主根入土深达1米以下，侧根一般分布在耕作层15～30厘米的范围内。根群分布与土壤物理性状、耕作层深浅、地下水位的高低、土壤温度条件、有机肥施入量及品种特性等关系密切。根系具有趋肥、趋水和趋氧的特性，一般土质疏松、有机肥量大的根群分布比较密集；瘠薄、硬土质中根群分布相对减少。在棚室育苗移栽过程中，主根易受到损伤，影响其入土深度；棚室条件下栽培，根群一般分布较浅；在根群分布浅、地温相对较低的情况下，根系吸收水分和营养物质的功能较差。因此，在棚室条件下栽培，要根据实际情况，采取深翻土壤、增施有机肥、浅定植、地面覆盖保温等综合措施，尽量满足丝瓜根系在棚室栽培的基本条件要求。

二、茎叶

丝瓜为葫芦科一年生蔓生草本植物。茎叶无限生长，攀缘性很强；茎细长，五角形棱状，绿色，中间空腔极小或不明显，茎基本光滑，棱角上略带有小的瘤刺，茎粗 0.5～0.8 厘米；茎的分枝能力很强，茎上有节，节上可长叶和卷须，幼苗初生茎节很少有腋芽，抽蔓后，每叶节都会有腋芽、卷须和花芽，在一定条件下，腋芽可萌发成新的侧蔓，花芽可开花结果，卷须可以伸长，起攀缘作用；茎的长度因品种特性、生长期长短、土壤、肥水条件和整枝与否有很大差异，若任其生长，蔓的总长度可达 50 米以上。丝瓜叶掌状深裂，大而端尖，有锯齿，生有叶柄。棚室栽培条件下，由于空气相对湿度较大，光照度较弱，茎节会根据条件的变化拉长，茎中的维管束木质化程度低，茎蔓比较脆嫩。棚室栽培的丝瓜以主蔓和侧蔓摘心结瓜为主，因此，应特别注意加强植株调整，调整植株时要小心轻扭，防止断蔓；侧蔓经常采取摘心等措施，控制茎蔓总的生长量，以减少营养消耗，保证植株光合作用能力，促进果实的正常生长发育。

三、花与果实

丝瓜于夏季在叶腋间抽生花茎，着生数花，朝开暮萎，逐期开放，合冠盆状花冠，五出深裂，花瓣有脉纹，雌雄同株，花后结实为瓠果，细长，嫩时可供食。丝瓜花多数为单性花，即在同一植株上分别生成雄花和雌花。一般先发生雄花，后发生雌花。雌雄花开花时间均在每天上午露水干后，晴天 7 时至 9 时，阴雨天气湿度大，温度相应较低时，则延迟到 10 时以后开放。丝瓜开花期较短，一般 24 小时后花冠自然凋谢，柱头变褐，逐步失去发芽授粉能力。在花药开放前 1 天，花粉粒已有发芽能力，可进行授粉受精。花冠盛开时受精能力最强，进行人工授粉或杂交时，必须掌握好这一良机。丝瓜雌雄花发生有一定的规律，与它的品种属性密切相关，一般雄花分化较早，着生在植株节位较低的节位上；雌花分化较晚，着生节位较高，一般早熟品种，着生在 4～5 节叶腋上，中晚熟品种着生在 8～9 节叶腋上。另外，雌花生成的节位与温度、光照有一定关系，早、中熟品种在低温短日照条件下，雌花节位降低，早熟品种可在 2～3 节着生雌花，中、晚熟品种 4～5 节也能着生雌花。栽培管理时，前期管理要以防止丝瓜坠秧为主。棚室栽培，冬春季节通风量小，空气湿度相对较大，雌雄花开放时间晚，开花后花药散放迟，授粉时要适当向后推迟时间才能奏效。另外，气温过低时，雄花无花粉，需用激素进行抹花处理促进坐果。

丝瓜的果实为瓠果，由下位子房发育而成，一般内有 3 个心室，3 个胎座，肉质化为食用部分，肉质外层为果皮，由子房壁发育而成，皮层细胞组织呈麻皮状纤维，外层有角质层，质地较硬，有的皮下还有一层含叶绿素的组织细胞，叶绿素含量高，果皮呈浓绿色，有的叶绿素含量少，则果皮呈浅绿色或黄绿色。果实分有棱或无棱，一般有棱丝瓜肉质较厚，品质较优，每果种子量少，一般单果 40 粒左右，最多不超过 100 粒；无棱丝瓜相对肉质部分稍薄，品质较好，果实内种子量较大，一般每果有种子 150～220 粒。棚室栽培时，由于低温短日照，丝瓜分化的雌花量过大，容易造成化瓜严重，坐瓜率低。在开花结果期，要加强通风换气，整枝打杈，及时抹激素促进坐果。坐果后，加大肥水管理，使其早膨果、早上市。

第二节 生长发育对环境条件的要求

掌握丝瓜对温度、光照、水分、气体、土壤养分等条件的要求及其与生长发育的关系，是安排生长发育季节、获得高产、高效益的重要依据。

1. 对温度条件的要求 丝瓜属喜高温、耐热力较强的蔬菜，但不耐寒。丝瓜种子在 20～25℃ 发芽正常，在 30～35℃ 时发芽迅速。植株生长发育的适宜温度是白天 25～28℃，夜间 12～20℃，月平均温度为 18～24℃，15℃ 以下生长缓慢，10℃ 以下生长受到抑制或基本停止生长，5℃ 以下常受寒害，－1℃ 即受冻害死苗。5℃ 是丝瓜的临界温度。

2. 对光照的要求 丝瓜对光照时间的长短、光线的强弱、光照的变化都很敏感。光照条件直接影响丝瓜的产量、品质和结瓜的迟早。

丝瓜属短日照植物，长光照发育慢，短光照则发育快，但是与品种特性有一定的关系，有些品种在 9 小时的日照下，经 10 天以上才明显地促进发育，而有些品种在每日 9 小时的日照下历经 8～10 天即迅速发育，前者对日照要求比较严格，后者要求相对宽松。总的情况是，在短日照条件下能促使提早结瓜，坐第一个瓜的节位低；而给予长日照，结瓜期延迟，根瓜的节位提高。丝瓜在抽蔓期以前，需要短日照和稍高温度，以利于茎叶生长和雌花分化；而开花结瓜期是植株营养生长和生殖生长并进时期，需要较强的光照，以利于促进营养生长和开花结瓜。

3. 对水分条件的要求 丝瓜喜潮湿、耐涝、不耐干旱，一生需要充足的水分条件。要求土壤湿度较高，当土壤相对含水量达 65％～85％ 时最适宜丝瓜生长。丝瓜要求中等偏高的空气湿度，在旺盛生长时期所需的最低空气湿度不能低于 55％，适宜湿度为 75％～85％，当空气湿度短时期达饱和时仍能正常生长。

4. 对土壤养分的要求　丝瓜根系发达，对土壤的适应性较强，对土壤条件要求不严，在一般土壤条件下都能正常生长。但以土层深厚、土质疏松、有机质含量高、肥力强、通气性良好的壤土和沙壤土栽培为最好。丝瓜的生长周期长，需较高的施肥量，特别在开花结瓜盛期，对钾肥、磷肥需量更大。所以在栽培丝瓜时，要多施有机肥、磷素化肥和钾素化肥作基肥，氮素化肥不宜施的过多，以防引起植株徒长，延迟开花结瓜和化瓜。进入结瓜盛期，要增加速效钾、氮的化肥供应，促使植株枝繁叶茂，生长苗壮，结瓜数量增多。

丝瓜不耐盐碱，忌氯，不可施氯化钾肥。

5. 对气体条件的要求　丝瓜植株的绿色部分进行呼吸作用所需的氧气可以从空气中得到充分满足供应。但空气中的二氧化碳却满足不了光合作用的需要。二氧化碳是光合作用的主要原料之一，丝瓜进行光合作用最适宜的二氧化碳浓度为 0.1% 左右（即 1 000 毫克/升左右），而大气中的二氧化碳浓度为 0.03%（即 300 毫克/升）左右，冬季晴日白天，冬暖塑料大棚因通风时间短，通风换气量小，棚内二氧化碳更显不足。因此，丝瓜于冬暖大棚保护地栽培，在适宜的光照、温度、湿度、水分等条件下，适当增加二氧化碳含量，对培育壮苗壮株，增加光合产物，提高产量和品质及提前上市都至关重要。棚内释放二氧化碳的方法较多，最好是使用二氧化碳发生器，用稀硫酸与碳酸氢铵发生化学反应，生成硫酸铵和水，释放出二氧化碳，使棚内空气中二氧化碳浓度达到 1 000～1 500 毫克/升为宜。追施二氧化碳气肥的时间，以每个晴日的上午 8：00～11：30 最适合。

6. 丝瓜的需肥特点　丝瓜生长快、结果多、喜肥，但根系分布浅，吸肥、耐肥力弱，要求土壤疏松肥沃，富含有机质。据测定，每生产 1 000 千克丝瓜需从土壤中吸取氮 1.9～2.7 千克、磷 0.8～0.9 千克、钾 3.5～4.0 千克。丝瓜定植后 30 天内吸氮量呈直线上升趋势，到生长中期吸氮最多。进入生殖生长期，对磷的需要量剧增，而对氮的需要量略减。结瓜期前，植株各器官增重缓慢，营养物质的流向是以根、叶为主，并给抽蔓和花芽分化发育提供养分。进入结瓜期后，植株的生长量显著增加，到结瓜盛期达到了最大值，在结瓜盛期内，丝瓜吸收的氮、磷、钾量分别占吸收总量的 50%、47% 和 48% 左右。到结瓜后期，生长速度减慢，养分吸收量减少，其中以氮、钾减少较为明显。施肥原则是：一是基肥足。每 666.7 平方米施 3 000～5 000 千克腐熟优质有机肥。二是苗肥早。定植后，早施 2～3 次提苗肥，每次每 666.7 平方米追施优质腐熟粪尿肥 100～150 千克加水浇施，以满足早发的需要。三是果肥重。结果盛期追肥 5～6 次，每次每 666.7 平方米追施腐熟人粪尿 200～300 千克，或氮、磷、钾复合肥 25～30 千克。

第三节　常见的栽培品种

丝瓜生产上的常用品种主要分为普通丝瓜和有棱丝瓜两类。普通丝瓜的瓜条较长，多为圆筒状或长棒状，嫩瓜有密毛，无棱，皮光滑或具细皱纹，肉厚、细嫩，纤维少，品质较好，适应性强，容易栽培，北方种植较多。普通丝瓜按果实长短可分为长果形、中果形和短果形三种。长果形的果长一般为 70～150 厘米，如杭州葫芦青、黄皮丝瓜，合肥丝条，云南线丝瓜，南京蛇丝瓜，浙江的丽水、温州青顶白肚皮丝瓜，福建泉州、龙岩长条丝瓜等；中果形的果长多为 30～70 厘米，如广东长度水瓜，武汉白玉霜、青皮丝瓜，长沙白丝瓜，福建永安棉瓜等；短果形的果长 30 厘米以下，如长沙肉丝瓜、湖北棒锤丝瓜、成都肉丝瓜、广州短度水瓜、云南和上海香丝瓜、浙江巨县玉罗、福建莆田丝瓜、厦门四寸瓜等。

有棱丝瓜的瓜面有极明显的 7 条凸起棱线，瓜条呈圆锥形、棒形和纺锤形，皮薄肉厚，品质好，南方栽培较多，如福建漳州短条十念瓜、漳平和大田的角瓜、南平棱丝瓜，广东青皮丝瓜、西增长丝瓜、硬皮丝瓜、乌耳丝瓜，浙江温州八棱瓜等。我国各地近年来选育的优良品种大致归纳如下：

一、广东省

1. 夏绿 1 号丝瓜　广州市蔬菜研究所选育而成。以主蔓结果为主，侧蔓少，连续结果能力强。叶长 20～25 厘米，宽 18～22 厘米，绿色。主蔓第 7～11 节着生第一雌花。果实长 50～60 厘米，横径 5 厘米，深绿色，棱墨绿色，果实直，大小匀称，棱沟浅。早熟，播种至初收 35～45 天，延续采收 50～60 天。果实肉质致密，味较甜，品质好，耐贮运，单果重 400 克。对日照条件不敏感，耐热，耐雨水，适应性广，适宜珠江三角洲地区夏、秋季种植。

2. 绿胜 1 号丝瓜　广州蔬菜研究中心育成。主蔓结果为主，连续结果能力强。中早熟，商品性好，瓜长 57.3 厘米，横径 4.6 厘米。适宜春、秋种植。

3. 绿胜 2 号丝瓜　广州市农业科学研究所育成。早中熟，品质好，适宜春、秋种植。瓜长 55.7～59.7 厘米，横径 4.2～4.6 厘米。平均单瓜重 403 克。抗炭疽病、枯萎病，高抗疫病。

4. 雅绿 1 号丝瓜　广东省农业科学院蔬菜所育成。早熟，适宜春、夏、秋季种植。瓜长 55 厘米，横茎 5 厘米。

5. 雅绿 2 号丝瓜　广东省农业科学院蔬菜所育成。早熟，适宜春、秋种植。瓜长 54.5 厘米，横径 4.8 厘米。

6. 粤优丝瓜　广东省农业科学院蔬菜所育成。中早熟，适宜春、秋种植。生长势和分枝力强。皮色绿白有花点，瓜长约 50 厘米，横径约 5 厘米。

7. 万宝丝瓜　华南农大园艺种苗开发中心育成，早中熟，播种至初收期 60 天，适合夏、秋种植。苗势强，坐果性好，商品瓜瓜条匀称，棱沟浅，瓜长 60 厘米，横茎 5 厘米。

8. 雅美绿丝瓜　广州金苗种子公司育成。早熟性好，播种至初收期 57 天，苗势中，坐果性好，产量高，耐热性好，商品瓜瓜条匀称，瓜长 60 厘米，横茎 5 厘米。

9. 宝绿 2 号丝瓜　广州鸿海种苗有限公司育成，早熟性好，瓜长棒形，头尾均匀，瓜长 60～75 厘米，横径 5 厘米，肉质密，味甜。

10. 华绿丝瓜　华南农业大学种子种苗中心育成的杂交一代新品种。早熟，春栽时播种至初收约 50 天，秋栽时播种至初收约 40 天。主侧蔓均可结果，连续结果能力强。瓜长 60～65 厘米，头尾均匀，皮色青绿，棱沟浅，商品性好，单瓜重约 400 克，肉质细嫩清甜。耐热性好，抗病力强，产量高。

11. 美绿 2 号　广东省农业科学院良种苗木繁育中心推出的杂交新品种。早熟，抗病力强，长势旺，耐热，结瓜力强，单果重 500～600 克，瓜长 60～65 厘米，横径 5.0～5.5 厘米，头尾匀称，皮色绿，棱墨绿，品质好。坐果性好，高产。广东地区播期 2～8 月，播种至初收 35～40 天。该品种适宜出口和内销，是夏秋种植的优良品种。

12. 特选双青丝瓜　广东省农业科学院良种苗木中心从传统品种东莞双青丝瓜中选出的优良品种。该品种瓜形好、品质佳，瓜长棒形、头尾均匀，瓜长 60～65 厘米、横径 5 厘米左右，皮色墨绿，肉厚脆嫩、味清爽口，单果重 350～500 克；早熟，从播种至初收 45 天；耐热耐湿，抗病力强；最适播期为 1～8 月，在华南地区种植。

13. 夏棠 1 号　华南农业大学园艺系育成的早熟品种。以主蔓结瓜为主，主蔓第 10～12 节着生第 1 朵雌花，瓜长 55～65 厘米，横径 5.5～6.0 厘米，青绿色，具 10 棱，棱黑绿色，单瓜重 500～600 克。播种至采收 35～45 天，延续采收 70～90 天。对日照条件不敏感，适应性强。抗角斑病和白粉病，不抗霜霉病，耐热，耐贮运，肉质细密，味甜，品质优。

14. 高朋丝瓜　广东省良种引进服务公司选育。植株生长势和分枝性较强，叶片深绿色。中、早熟，秋栽时从播种至始收44天。雌性较强，第一朵雌花着生节位 9.4～18.5 节，第一个瓜坐瓜节位 13.8～21.5 节。瓜呈棍棒形，瓜色浅绿。瓜较短，长 46.4～47.3 厘米。瓜外皮上有较多的花斑，棱沟较浅，棱色绿白。肉质脆，风味微甜。单瓜重 330～352 克。抗霜霉病，中抗枯萎病。耐热性、耐寒性、耐涝性和耐旱性强。

15. 早青 1 号丝瓜　深圳市农作物良种引进中心选育。早熟、生长势强、抗逆性好，适作春、秋两季栽培。春、秋季的第一雌花节位分别为 7～10 节和 20～24 节。主侧蔓结瓜，连续坐瓜能力强。商品瓜长 37～40 厘米，横径约 5 厘米，单瓜重 300克左右。

16. 粤农双青丝瓜　广东省农业科学院蔬菜研究所育成。植株蔓生，生长势旺盛。第一雌花着生于主蔓 8～10 节，主侧蔓均结瓜。瓜呈长条棒形，嫩瓜皮深绿色，棱边墨绿色，瓜肉白色，肉厚、柔软、味甜，品质好，瓜条头尾均称，商品性好。中早熟，生育期 120 天左右，从播种至始收约 60 天。瓜长 60～80 厘米，横径 5 厘米左右，单瓜重 500 克左右，雌花率 50%～70%，坐瓜容易。耐贮运。耐寒、耐涝能力较强，适应性广。抗霜霉病、疫病能力较强。适宜广东、广西、海南等华南地区栽培。

17. 绿旺丝瓜　广东省广州市蔬菜研究所育成。植株蔓生，生长势强。第一雌花着生于主蔓 7～10 节，主侧蔓均结瓜。瓜呈长条棒形，嫩瓜皮深绿色，皱纹较少，棱边墨绿色，瓜肉白色，肉厚、柔软、味甜，品质优，商品性好。中早熟，生育期 120 天左右，从播种至始收 60 天左右。瓜长约 60 厘米，横径 4～5 厘米，单瓜重 400～500 克，雌花多，座瓜容易。耐贮运，耐寒力强，适应性广，抗霜霉病能力较强。适宜广东、广西、海南等华南地区栽培。

18. 白沙夏优 3 号棱丝瓜 汕头市白沙蔬菜原种研究所育成的杂交一代组合，中早熟，春栽的，播种至初收 58 天，秋栽的，播种至初收 38 天。植株生势和分枝力强，叶色绿。坐果节位低，主蔓第一雌花节位 17.2 节，第一个瓜结瓜节位 20.2 节。瓜短棍棒形，瓜皮浅绿色，瓜长 36.8～40.8 厘米，横径 4.7～5.2 厘米，肉厚 0.8～0.9 厘米，单瓜重 271～356 克。雌性强，坐果率高，稳产高产。商品性状好，品质优，肉质脆嫩、味甜化渣。田间表现抗炭疽病，轻感白粉病，中感霜霉病。抗病性鉴定结果为高抗疫病，中抗枯萎病。耐寒性、耐热性、耐涝性较强。适宜广东省东部地区春、秋季种植。

19. 白沙夏优 2 号棱丝瓜 汕头市白沙蔬菜原种研究所育成的杂种一代。早中熟，夏季播种至初收 45～55 天，延续采收期 60～70 天。生势旺盛，主蔓长 500 厘米左右，侧蔓 4～5 条，叶为掌状形、五裂、绿色，第一雌花着生主蔓 12～23 节，坐果率高。瓜棍棒形，瓜长 42 厘米、横径 5.3 厘米，单瓜重 330 克，色绿白，多花点，肉厚，口感脆甜，品质好。耐热，耐霜霉病、白粉病，适应性广。缺点是夏秋季种植前期肥水多，容易徒长。

20. 夏绿 3 号丝瓜 广州市农业科学研究所育成的杂交一代品种。中早熟，从播种至初收春植 62 天，秋植 39 天，与绿胜 1 号相当。植株生势较强，分枝力中等，叶片深绿色。瓜长棍棒形，瓜长 57 厘米左右，瓜条直，头尾匀称，皮色深绿，无花点，棱沟浅，商品性状好，单瓜重约 433 克，商品率 93.5%。肉质脆，味甜。高抗疫病、抗枯萎病，田间表现高抗霜霉病、白粉病和炭疽病。耐热性和耐涝性强。

21. 碧绿丝瓜 广州市农业科学研究所育成。植株蔓生，生长势旺。第一雌花着生于主蔓 8～12 节，主侧蔓均结瓜。瓜呈长条棒形，皮色碧绿，具 10 棱，棱墨绿色，瓜肉白色、柔软、味甜，瓜条头尾大小匀称，商品率高，品质好。中早熟，生育期 120 天左右，从播种至始收约 60 天。瓜长 60～70 厘米，横径

4.5～5.5厘米，单瓜重500～600克，雌花率50％～70％，连续结瓜能力较强。耐贮运，耐寒、耐涝能力较强，适应性广。抗霜霉病、疫病能力较强。适宜广东、广西、海南等华南地区栽培。

22. 春优丝瓜　东莞市香蕉蔬菜研究所选育而成的中熟丝瓜新品种。全生育期约90天，主侧蔓均可结瓜，连续结瓜能力强，从播种至初收约45天，春植第12节开第一雌花。果长棒形，长约60厘米，横径5.0～5.5厘米，头尾匀称，单果重300～400克，肉质厚，皮色青绿，棱沟浅、棱色墨绿，纤维少，瓜身柔软，味甜。适宜华南地区春、秋季种植。

二、浙江省

1. 早优1号　第1雌花节位7～8节，以后每节着生1雌花，瓜条匀直，表皮翠绿色，蜡粉厚，商品瓜长26厘米左右，横径7厘米左右，单瓜重约500克。该品种对瓜类霜霉病、疫病和白粉病有较强抗性，耐低温，较耐热。

2. 新早冠406　极早熟，耐低温、弱光性好，品质优，早期产量高，5～6节着生第1雌花，以后每节1瓜，瓜长40～45厘米，横径5～6厘米，瓜色深绿，有厚厚的白色蜡粉层，口感鲜，味微甜。适合早春保护地或早春露地栽培。

3. 兴蔬美佳　特早熟，第1雌花节位6～8节，属肉丝瓜类型，连续坐瓜能力特强，瓜长28厘米左右，瓜径6厘米左右，单瓜重300克左右，商品性特佳。

4. 兴蔬早佳　特早熟，第1雌花节位8节左右，坐瓜能力特强，瓜绿色带微皱，瓜长32厘米，瓜径6厘米左右，单瓜重420克左右，花蒂保存时间长，商品性很好。

5. 春丝1号丝瓜　绍兴市农业科学研究院与勿忘农集团共同选育的杂交丝瓜新品种，具有早熟、商品性好、品质优、丰产等特点。主蔓6～7节开始着生雌花，主侧蔓均结果，瓜条长

40～50 厘米左右，粗 5 厘米左右，瓜色淡绿，上下粗细均匀，表面有明显的白霜。春季全生育期 160 天左右，秋季全生育期 90 天左右。

6. 长蒲 1 号　浙江省温州市农业科学研究院和温州市蔬菜种子公司选育。皮色淡绿，瓜型棒状，肉质致密，品味糯，瓜条长度 25～30 厘米，抗病好，产量高。

7. 衢丝 1 号　浙江省衢州市农科所与常山县农作站选育的中早熟丝瓜新品种，具有产量高、熟期早、品质优、适应性广等特点。设施栽培从播种至始收 85～90 天，采收期长。植株生长旺盛，分枝力强，掌状裂叶，第 1 雌花着生于主蔓 8～11 节，以后每节均着生雌花，侧蔓雌花着生率在 80% 以上，主侧蔓连续结瓜力强，前期产量高。瓜条长棒形，瓜长 37.5 厘米、直径 3.8 厘米，单瓜重 300 克左右，粗细一致，瓜皮绿色、皮薄，肉质细嫩致密，品质好，商品性好。耐低温、耐热、耐涝性强，很少发生病毒病，较耐霜霉病，适合早春设施栽培和露地栽培。

三、江苏省

1. 五叶香丝瓜　江苏省姜堰地区农家品种，经提纯复壮，现已成为姜堰、宝应、仪征等地早春大棚及小拱棚丝瓜主栽品种之一。该品种早熟，坐果节位低，一般从第 5 节起坐瓜，瓜长 26～30 厘米，圆柱形，肉厚，有弹性，果实有香味，耐运输，商品性好。抗病毒病，适宜保护地早熟栽培，也适宜露地栽培。

2. 上海香丝瓜　为早熟种。瓜长 25～30 厘米，圆柱形。肉厚有弹性。果皮淡绿色，并有黑色斑点。果实有香味，品质佳。

3. 江蔬肉丝瓜　该品种种性一致，第 1 雌花节位在第 8 节上下，南京地区春季播种从出苗到第 1 朵雌花开放约需 55 天，雌花开花较早且连续开放性好；30 节内的雌花节率达 65% 以上，节成性好；早期产量高，早熟性好；主蔓能连续坐瓜 4～6 条，连续结瓜能力强；5℃以上低温条件下植株生长正常，耐低温能力强；田间表现高抗病毒病和霜霉病；商品果为圆筒形、无"蜂腰"且瓜蒂部膨大不明显，瓜条匀称，肉质细腻、清香、口感略甜，盛果期的商品瓜瓜长 28 厘米左右，瓜径 4.3 厘米左右，瓜皮色深绿，单瓜重 450 克左右，商品性佳，品质好。

4. 江蔬 1 号丝瓜 江苏省农业科学院蔬菜研究所选育的长棒形丝瓜一代杂种。以主蔓结瓜为主，连续结瓜能力强，肥水充足则可同时坐果 3～4 条；早春气温较低时，一般花后 10 天左右可采收，盛果期一般花后 6～7 天即可采收。商品瓜长棍棒形，上下粗细基本匀称，瓜皮较光滑，绿色，色泽好，瓜面有绿色条纹；商品瓜长度，前期一般在 30～40 厘米之间，盛果期在 45～55 厘米之间，后期在 40～50 厘米；商品瓜粗度，前期横径在 3.5～4 厘米之间，盛果期在 4～4.5 厘米之间，后期在 4 厘米左右；商品瓜品质好，果肉清香略甜，绿白色，肉质致密细嫩，耐老化，口感好；瓜商品性好，卖相佳；单瓜重 200～400 克，高的可达 450 克；耐贮运；抗病毒病和霜霉病。

5. 南京长丝瓜 又名蛇形丝瓜。是南京郊区优良的地方品种。生长势强，茎蔓旺盛。主蔓第 7～8 节出现第 1 朵雌花，此后连续出现雌花。瓜长棒形，长 130～170 厘米，最长可达 2 米以上，横径 3～5 厘米，形状似蛇。外皮绿色，果肉柔嫩，纤维很少，品质好。耐热抗病，蔓长可达 13～15 米。

四、湖南省

1. 早冠丝瓜（406） 衡阳市蔬菜研究所选育而成的极早熟丝瓜杂交一代新品种。早熟性好，从定植至始收需 30～39 天。嫩瓜长棒形，果长 25～40 厘米，横径 5.1～5.6 厘米，单瓜重 800～1 300 克，外皮深绿色，披白霜，瓜蒂大，肉厚味鲜，口感微甜，风味极佳。产量高。抗病性好，较抗枯萎病和疫病。

2. 早冠丝瓜 401 衡阳市蔬菜研究所育成的一个新品种，它与早冠 406 的区别主要在于瓜条稍短。

3. 早优 1 号丝瓜 长沙市蔬菜研究所育成的杂交一代特早熟丝瓜。第 1 雌花节位第 5～第 8 节，雌花率 75％左右，果实圆筒形，果皮绿色，果肩稍凸起，果面粗糙，被蜡粉，果长 30 厘米左右，横径 6～7 厘米，单果重 600～650 克，果肉致密，品质和商品性极佳，适应性广。

4. 早优 2 号丝瓜 长沙市蔬菜研究所育成的极早熟、丰产、优质型杂交一代丝瓜。植株生长势强，主蔓第 4～第 6 节着生第 1 雌花，坐果率高，连续坐果，果实圆筒形，果面粗糙，被蜡粉，果皮深绿色，瓜蒂大，肉厚微甜，品质极佳，抗病性强。

5. 早优 3 号丝瓜 长沙市蔬菜研究所育成，是早中熟、丰产型杂交一代丝瓜。始花节位低，连续坐果能力强，果实短棒形，果皮绿色，瓜条直，果肉厚，商品性佳，耐贮运，抗病、抗逆性强。前期和总产量显著优于长沙肉丝瓜。

6. 翠绿早丝瓜 湖南亚华种业科学研究院杂交配制成的一代杂种。植株蔓性，蔓长 2 米以上，叶片掌状，茎棱形，以主蔓结瓜为主。6～7 节开始结瓜，商品瓜长约 26 厘米，直径 7 厘米，瓜条匀称，顺直，商品性好，单果重 450 克左右。口感鲜，味微甜，品质优。抗病性强，对瓜类疫病、霜霉病和白粉病等有较强抗性。耐热、较耐低温。

7. 短棒早丝瓜 湖南亚华种业科学研究院选育的耐贮运型特早熟杂交丝瓜品种。植株蔓性，主蔓结瓜为主。熟性特早，5～6 节开始结瓜，每节一瓜，可持续结瓜 7～8 条。商品瓜长 19 厘米左右，横径 7 厘米左右，单瓜重 350 克左右。瓜皮青绿色，蜡粉层厚，有绉。瓜型短粗，皮较厚，耐贮运。较耐寒、耐低温、弱光，在早春低温阴雨天气条件下，结瓜情况良好，畸形瓜少。也较耐高温，适应性强，适应范围广，可在我国南北各地栽培。

8. 乳白早丝瓜　湖南亚华种业科学研究院选育的白色杂交丝瓜新品种。早熟，第一雌花节位 8 节左右。一般 7～9 节开始着瓜，以后每节可结一条瓜，每藤可持续挂瓜 5～8 条。商品瓜长 28～30 厘米，横径 6～7 厘米，单瓜重 450～500 克。瓜表皮乳白色，嫩瓜时茸毛较厚，商品成熟瓜表面有纹棱，瓜条匀直，肉质脆嫩，味微甜，品质优。较抗病耐热，丰产性好。适合长江流域地区春夏栽培。

9. 湘丝甜丝瓜　湘潭市农业科学研究所选育的杂交丝瓜品种。早熟，从定植到采收 40 天左右。植株蔓生，生长旺盛，以主蔓结瓜为主，第一雌花节位 5～7 节，以后节节有雌花，早期持续挂果能力强。商品瓜短棒形，长约 24 厘米，粗 6～8 厘米，单瓜重 500 克左右。果皮绿色，被蜡粉，果面较粗糙。花痕中大，花蒂保存时间长，耐老。果肉致密、细嫩、味甘甜。抗逆性较强，适宜长江流域早春保护地或露地栽培。

10. 肉丝瓜　湖南地方品种。生长旺盛，分枝力强。叶片深绿色，掌状 5 裂或 7 裂。雌花着生较晚，一般在主蔓第 15 节以上着生第 1 朵雌花。较晚熟。产量较高。瓜圆筒形，两端略粗，长 30～40 厘米，横径 7～10 厘米。瓜皮绿色，瓜肉绿白色，肉质肥嫩，纤维少，品质好。单瓜重 250～500 克。适宜春、夏播种，结瓜早，采收期长，喜水耐肥，生长期间多施有机肥可提高持续坐瓜能力。栽培时，若搭 1.5 米以上的平棚种植，可显著提高产量和瓜的品质。

五、湖北省

1. 早杂 1 号丝瓜　湖北咸宁市蔬菜科技中心用咸宁肉丝瓜 89 - 3 - 5（母本）与上海香丝瓜 89 - 2 - 4（父本）配制的一代杂交种。商品瓜果实呈长圆柱形，长 38～48 厘米，粗 7～10 厘米。果皮绿色，果面多细小皱纹，披白霜，皮薄，纤维少，肉厚，洁白细嫩，柔软有弹性，味甜，风味清香淡雅，耐贮运。单瓜重450克左右。极早熟，从播种至初收55～60天，从开花至商品瓜成熟需10天左右，持续采收期60～70天。该品种抗逆性强，耐热耐涝耐瘠薄。我国南北方地区均可栽培。

2. 白玉香丝瓜 湖北武汉市地方品种。植株生长强健，分枝强。第1雌花出现在第10～15节，侧蔓第一二节即出现雌花。瓜长圆柱形，长60～70厘米，横径5厘米左右。果皮淡绿色，中部密布霜样皱纹，两头皮质粗硬，瓜上有纵沟，肉乳白色，皮薄，品质好。单瓜重500克左右。耐涝，耐热，不甚耐旱。

3. 翡翠2号 武汉市蔬菜科学研究所武汉汉龙种苗有限责任公司新选育的早熟杂交丝瓜新品种。分枝能力一般，生长势和抗逆性较强。植株蔓生，攀缘生长，第一雌花节位在7～8节。叶呈掌形，绿色。主侧蔓均可结瓜，以主蔓结瓜为主，侧蔓结瓜为辅。主蔓第7～8节开始出现雌花，连续3～4朵（少许5朵），间隔1节后又可连续3朵左右。商品瓜浅绿色，长条形，光滑顺直有光泽。瓜顶部平圆，果面有少量白色绒毛。瓜长40～45厘米，横径4.0厘米，单瓜重300克。果肉绿白色，肉质柔嫩香甜，不易老化，耐储运。

六、重庆市的品种

1. 绿如意 重庆市种子公司蔬菜种子分公司用当地皱皮丝瓜（881）与湖南地方品种（2002-1-13）杂交而成的杂交一代新品种，早熟。生长势强，第一雌花最低节位6～7节，以后基本上节节有瓜。商品瓜中长圆筒形，长25～32厘米，横径4.5～6.5厘米左右，适口性好，表皮绿色起皱，有白色茸毛。单瓜重400克左右。宜在长江流域作春季栽培。

2. 绿霸王皱皮肉丝瓜 重庆市种子公司蔬菜种子分公司用当地皱皮丝瓜（881）与湖南地方品种（2003-1-10）杂交而成

的杂交一代新品种,极早熟。生长势强,第一雌花最低节位6~7节,以后基本上节节有瓜。商品瓜中长圆筒形,长28厘米,横径5厘米左右,适口性好,表皮绿色起皱,有白色茸毛。单瓜重400克左右。宜在长江流域作春季栽培。

3. 春帅 重庆市农业科学研究所育成的极早熟杂交一代新品种,耐低温弱光,适于早春保护地栽培。第一雌花生于主蔓5~7节,连续结瓜能力强,果实长圆筒形,果皮绿色,有深绿色条纹,稀生白色短绒毛和横向较深的皱褶。瓜长25~30厘米,横径5厘米左右,单瓜重200~350克。果肉厚,品质好,不易老。早期产量高,商品性好,经济效益较高。

七、福建省

农福丝瓜601 福建省福州市蔬菜科学研究所从福州南屿地方品种"福州肉丝瓜"中经多年多代提纯,并采用单株选择法与混合采种相结合选出。生长势强,侧枝较少,主蔓结瓜为主,连续结瓜力强。春播主蔓第一雌花节位10节左右,夏秋播主蔓第一雌花节位16节左右,单株结果数7个左右。春季种植从播种至始收60~70天,夏秋种植从播种至采收45天左右。瓜长30~40厘米,横径6~7厘米,皮色绿,刺瘤明显且分布均匀。瓜型圆筒形、匀称,味清甜。单瓜重500~700克。

八、山东省

长期以来,寿光大棚丝瓜品种多为南方的露地品种,且品种杂乱,产量低。一般666.7平方米定植1 700~2 200株,产量为2 500~3 000千克。上世纪90年代末,寿光将丝瓜进行日光温室种植,每666.7平方米定植密度3 000~3 500株,产量也提高到5 000~6 000千克,水肥管理好者超过10 000千克。但由于大部分品种为引进品种，丝瓜长短不齐，商品属性差，达不到客户收购标准。为更好地发挥设施丝瓜种植优势，该市自 2003 年春开始收集寿光种植的品种，筛选适宜日光温室种植的品种，对适宜品种进行提纯复壮与自交系选育研究。通过品种的不断改良，温室丝瓜种植产量每 666.7 平方米超过 14 000 千克。选育的寿研特丰 1 号、寿研特丰 2 号丝瓜新品种于 2009 年 12 月通过山东省科技厅鉴定，其品质、丰产性、商品性明显优于当地主栽品种。

1. 寿研特丰 1 号　无限生长类型，抗逆性强，分枝多，第一雌花节位 12 节；成品瓜呈圆筒形，有细棱，黄皮，筋细小呈黄色，瓜条生长期全程带花，瓜面平滑，瓜条长度均匀，一般长 40～45 厘米，单瓜重 500 克左右，果肉白绿色，肉质硬实，弹性好，挤压后肉不变色；播种至采收需 45 天左右，666.7 平方米产量约 17 000 千克，抗霜霉病、白粉病、疫病。

2. 寿研特丰 2 号　无限生长类型，抗逆性强，分枝多，第一雌花节位 12 节；瓜条生长期全程带花，成品瓜呈长棒形，翠绿色，瓜面微皱，棱细，有绿筋，瓜长 45～50 厘米、长度均匀，粗 3.5 厘米左右，肉厚 1.7 厘米左右，单瓜重 450～500 克；味甜，口感好，炒煮不变色，耐运输；播种至采收需 45～50 天，666.7 平方米产量约 18 000 千克，高产田达 20 000 千克以上，抗霜霉病、白粉病。

九、广西

1. 皇冠 1 号　广西农业科学院蔬菜研究中心选育。从播种至始收春季为 80 天左右，秋季为 55～60 天。苗龄春季 20～25 天，秋季约 10 天。植株生长势旺，分枝力强。叶深绿色，掌状形。主侧蔓均可结瓜，春植第一座瓜节位在第 12～13 节，秋植第 18～19 节；瓜棒锤形，长约 35 厘米，横径 5 厘米，商品瓜皮

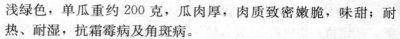

浅绿色，单瓜重约200克，瓜肉厚，肉质致密嫩脆，味甜；耐热、耐湿，抗霜霉病及角斑病。

2. 皇冠3号 广西农业科学院蔬菜研究所选育。中熟品种，春播采收期50～60天，秋播采收期45天左右。植株生长势旺，分枝力强，叶深绿色，掌状形，叶腋有深绿斑。主侧蔓均可结瓜。春植第1雌花节位6～9节，秋植第1雌花节位18～20节，此后每隔1～2节着生一雌花。商品瓜长棒型，瓜皮绿色，头尾均匀，瓜长50～60厘米，横径4.5～5.5厘米，单瓜重350～450克。瓜身柔软，纤维少，瓜肉白色，肉质清甜。耐热，较抗角斑病和霜霉病。

3. 广西1号 广西农业科学院选育。抗热耐寒性强，连续结瓜能力强，在水肥充足的条件下，666.7平方米产量可达3 500～5 000千克。瓜长60厘米，直径5厘米。瓜皮呈浓绿色，瓜的首部和尾部大小均匀，可减少食用时削皮的损失。

4. 广西118号 广西农业科学院蔬菜研究中心选育。早熟品种，春播至初收约60天，延续采收70天左右；秋播至初收40天，延续采收30～40天。春植第一朵花着生于第5～8节，秋植第一朵花着生于第15～18节，以后每节均着生一瓜。瓜呈长棒形，瓜皮青绿色，瓜棱浅绿色，长60～70厘米，横径5～6厘米，单瓜重300～400克。耐热，抗霜霉病及疫病。品质好，风味佳。

十、河南省

1. 驻丝瓜1号 河南省驻马店市农业科学研究所育成的早熟、优质、高产优良杂交一代品种。品质优，瓜条长棒形，匀称；抗病性强，适应性广，高抗白粉病、病毒病兼抗霜霉病。适宜于黄河流域及长江流域保护地和早春露地栽培种植。

2. 驻丝瓜 3 号 河南省驻马店市农业科学研究所育成。早熟，从定植到初收约 50 天。植株生长势强，分枝性中等，第一雌花节位约第 10 节，以主蔓结瓜为主，主侧蔓均可结瓜，果实长圆柱形，瓜长约 55 厘米，横径 4.5 厘米，单瓜质量 400～450 克，瓜条匀称，瓜皮白色稍浅绿，肉乳白色，柔嫩味甜，畸形瓜少。适于南方等喜食白皮丝瓜的地区作早春露地或保护地栽培。

3. 驻丝瓜 5 号 河南省驻马店市农业科学研究所以四川地方品种白玉霜肉丝瓜中选出优良自交系驻 11 为母本，以成宁早杂 3 号白皮肉丝瓜中选出自交系驻 07 为父本杂交育成的一代新品种。具有早熟、高产、优质、商品性好、生长势强等特点。

十一、安徽省

皖绿 1 号 安徽省农业科学院园艺所和长丰县三十头乡农业综合服务站联合选育的早熟丝瓜新品种。长势强，主侧蔓均能结瓜，第一雌花着生在 5～6 节，以后每节着生 1 朵雌花，一般每节结 1 个瓜；瓜条短粗、匀称、顺直，畸形瓜少，瓜长 30～40 厘米，横径 3.5～4.5 厘米，瓜皮翠绿色、无蜡粉；单瓜重 250～350 克。采收期长，早春栽培采收期从 5 月份一直延续到 10 月份；对霜霉病、白粉病抗性强，耐低温弱光。适宜江淮地区春夏季露地栽培和早春保护地栽培。

十二、引进的品种

1. 秋绿（高雄 2 号） 从中国台湾欣桦种苗贸易有限公司引进。圆筒丝瓜，适合秋作栽培，秋作播种后约 29 天开雌花，着果后约 14 天采收。雌花形成和结果对日照长短反应不敏感，在春夏季日照下栽培结果率高。生育初期叶片小而中后期大，早熟，节成性高，丰产，不裂果。果实端正，中筒形，果脐小，果面粗糙，果皮绿色，果肩条纹色泽浓，肉质紧密，果长约 21 厘米，果宽约 7 厘米，果重约 596 克。果肉煮后完整，不褐化，食味优良，肉质翠绿。

2. 碧玉丝瓜　从中国台湾引进。果实皮色细腻、光滑，棍棒状，长度 40 厘米左右。果实梗端及花冠附近绿色，其余部分乳白色，果肉淡绿色，皮薄，纤维少，肉质柔嫩，不易粗老，品质上等。适应性广，适宜喜食白皮丝瓜的地区栽培。

3. 三喜丝瓜　中国台湾农友种苗公司育成的杂交一代早熟品种。茎蔓较细，在长日照期间仍能结果，常连续数节结果。果形细长，果肩较粗，适食时瓜长 30~40 厘米，横径 4.4~5.0 厘米，单瓜重 250~350 克。皮青绿色，肉白绿色，不变黑，品质细嫩。商品性好，适于外销。

4. 泰国丝瓜　从泰国引进。植株蔓生，生长势旺盛。第一雌花着生于主蔓 7~9 节，主侧蔓均结瓜。瓜呈棍棒形，嫩瓜皮青绿色，棱边青绿色，瓜肉白色，瓜形美观，肉质细嫩，味甜，品质优良，商品性好。早熟，生育期 120 天左右，从播种至始收约 60 天。瓜长约 45 厘米，横径 5~6 厘米，单瓜重 400~500克，连续结瓜能力较强，稳产高产。耐贮运。耐热、耐旱能力强，抗霜霉病、白粉病能力较强。适应性广，适宜广东、广西、海南等华南地区栽培。

十三、太空育种

　　我国育成的太空丝瓜果实长达 2 米，植株长势良好，整个生长期基本上无病害发生，也不需要施药防病，不但减少了种植成本，同时还为发展无公害蔬菜生产和加工提供了丰富的资源。随着人们生活水平的提高，新优品种、环保型的蔬菜受到欢迎。在品种质量上，要适应人们新鲜、营养、安全，保健的需求和传统的消费习惯。因此，大力发展太空丝瓜的种植具有广阔的市场前景。

第四节　丝瓜育苗

我国南北各地都栽培丝瓜。北方地区种植丝瓜存在的主要问题是播种晚，采收期短，产量低，效益差。解决方法是，提前在保护设施中育苗，当气温、地温适宜时尽早进行定植，延长采收期，从而获得较高的产量和效益。

北方地区种植丝瓜，种子不易出苗，管理的重点在播种育苗阶段，而提早育苗又是丝瓜高产的关键，育苗早，采收期延长，产量高。北方地区一般于3月上旬左右，利用温室设施提早进行育苗播种。丝瓜种子寿命一般为两年，新种的发芽率比较高，一般都在95％以上，宜用新种子进行播种。丝瓜种子的种皮较厚，质地坚硬，发芽缓慢，为使种子尽快发芽，需在播种前进行温汤浸种。浸种的方法是，将种子放入容器中，倒入55～60℃的温水（注意水温不宜过高，以免烫坏种子），用手反复搓洗丝瓜种子，将丝瓜种子上的黏膜洗净，搓洗完后，立即把种子捞到30℃的温水里进行浸种，在温水里浸泡5～6小时，再将种子捞出，然后用湿纱布包好，放置到暖箱里进行催芽，暖箱里的温度控制在30～35℃，放置1～2天左右，待种子发芽后，及时进行播种。

根据设施条件不同，丝瓜的育苗方式也不一样。常用的有苗盘育苗和苗床育苗两种方式。

一、苗盘育苗及管理

苗盘育苗的优点是出苗率高，病害少，长势好，缺点是成本比较高。丝瓜幼苗虽然对土壤营养条件要求不高，但是养分充足的土壤能使丝瓜的生长更加苗壮，因此播种育苗前要事先配置好营养土。配置营养土所用的土壤要用筛子筛过的细土，里面不能有大的土块存在；营养土中掺入适量的肥料，肥料以使用有机肥为好，有机肥不仅含有丝瓜所需的大量养分，养分不易流失，而且容易被吸收利用。

制作营养土时，按照土壤 2 份、有机肥 1 份的比例，把有机肥倒入土壤中混合均匀。为防止病害发生，可在营养土中加入相当于营养土重量 0.5% 的百菌清，倒入百菌清后，均匀搅拌营养土，使百菌清、有机肥和土壤充分混合。苗盘内填入营养土，摆入苗床内。对苗盘进行浇水，浇水后 10～20 分钟，水份渗下去后，进行播种。注意水要浇湿浇透，以利于种子出苗。

播种时，每穴播一粒种子为宜。将种子平放，不可垂直播种。

播种后，在苗盘上覆一层细土，覆土不要过厚，以 2～3 厘米为宜，覆土过厚不利于种子出苗。

覆土后，在苗盘上面覆上一层薄膜，保墒增温，提高种子的出苗速度和发芽率。

播种后 8～10 天即可出芽。出芽期间，温室温度白天保持在 20～25℃，夜间 15～20℃；出芽 5～7 天后，当小苗长出 2 叶 1 心时，及时撤去薄膜，防止膜内高温烧苗。

撤膜以后，清除苗盘上的杂草，防止杂草与丝瓜幼苗争夺养分而阻碍丝瓜生长。除草时，注意不要碰及小苗。温室温度白天保持在 25℃左右，夜间 18～20℃，中午温度较高时，掀开温室薄膜进行通风降温。

下午转凉时，及时覆膜保温，以免发生幼苗冻害。丝瓜要有较好的光照才能正常生长，光照强度以 2.6～3 万勒克斯最适宜。如果光照强度过高时，要加盖遮荫网进行避光处理。

在丝瓜幼苗期，根据土壤墒情和苗情决定是否浇水，每次的浇水量不宜过多，见干见湿即可。

在日常管理中，还要及时去除弱苗、病苗和死苗。

丝瓜苗期的虫害主要是蚜虫等，可使用黄板进行诱杀。

二、苗床育苗及管理

苗床育苗的优点是成本低，操作简便，缺点是易感染病虫草害，出苗率相对较低。

播种前，清除杂草，深翻土壤，翻土深度在 10 厘米以上，深翻后耙平耙细，整理苗床。苗床要平整，没有较大的土块，并浇透水。浇水后 1～2 小时，撒播种子，666.7 平方米播种量 0.5～0.7 千克。撒播要均匀，防止种子扎堆现象。播种后，进行覆土，覆土厚度以不露种芽为宜，大约 2～3 厘米。

大约 7 天左右，丝瓜长出 2 片真叶时进行一次分苗。分苗前，苗床浇透水，待水分完全渗下后，将幼苗带土挖出，移植在事先备好的分苗床内，覆土，浇水。

苗期温度白天保持在 20～25℃，夜间 15～20℃，并根据墒情适当浇水。如果幼苗长势较弱，可进行叶面追肥，通常追施磷酸二氢钾，666.7 平方米用量 200～300 克，兑水 1 000 倍喷施。根外追肥宜在晴天的下午或阴天进行，一般喷施一次即可。

丝瓜长到 10 厘米以上时，进行定植。

第五节　丝瓜安全生产技术

主要介绍露地春丝瓜高产栽培、庭院丝瓜栽培、夏丝瓜栽培、大棚丝瓜高产栽培、大棚丝瓜长季节高密度吊蔓栽培、大棚秋冬茬丝瓜栽培、日光温室丝瓜集约化高效栽培及丝瓜套袋高产栽培技术。

一、露地春丝瓜高产栽培

（一）播种育苗

播种前，将种子在 55～60℃ 水中处理 15 分钟，再用 25℃ 温水浸泡 4 小时，漂洗去种皮表面黏液后，把种子用湿纱布包好放在温箱中催芽。选出芽好的种子每钵播种 1～2 粒，一般 666.7 平方米用种 500 克左右。出苗前保持温度 28～33℃，出苗后适时通风降温，以免造成秧苗徒长，温度掌握在 23～25℃ 为宜。

（二）适时定植

当秧苗有 4 叶 1 心时，在 4 月中旬选择晴天定植。定植前要施足基肥，一般 666.7 平方米用优质农家肥 5 000 千克、过磷酸钙 80～120 千克、尿素 25～30 千克，然后深耕 20 厘米，耙平后建畦，666.7 平方米栽苗 2 800 株左右。

（三）田间管理

定植后用小拱棚覆盖，尽量少通风，以提高小拱棚内温度，促进缓苗。缓苗后一般要喷 120 毫克/升的乙烯利或 2 000 毫克/升的比久，以防苗徒长，促进多现雌花。同时还要浇一次透水，而后转入蹲苗。当苗高 30 厘米时搭支架，并采用"之"字形绑蔓上引。因丝瓜以主蔓结瓜为主，所以可将侧蔓一律摘除。

春露地丝瓜生育期较长，对营养需求量大。为达到早熟高产的目的，除施足基肥外，应本着"苗期多次施，花期轻施，果期重施"的原则，适当增加追肥量。定植成活后，结合浇水追施浓度为 10% 的腐熟人粪尿 1～2 次作为提苗肥，促进根系的发育和抽蔓。抽蔓期追施 0.3% 速效性水肥 2 次，促进茎蔓的生长，为雌花提供充足的营养。上架后，植株生长加快，根系吸收能力增强，此时生殖生长与营养生长同时进行，可以适当提高追肥量，一般追施 20％左右腐熟人畜粪 1～2 次，促进幼果生长发育。第一批果实采收后，每 666.7 平方米沟施三元复合肥 20 千克、饼肥 50 千克，施肥后随即覆土，发现土壤发裂，应及时沟灌一次水。每采收 1～2 次，离植株根部约 30 厘米追施 30％左右腐熟人畜粪 1 次。

丝瓜营养生长旺盛，要获得较高的产量，应遵循"小肥大水，少施勤浇"的原则，保持充足的肥水。一般缓苗后 3～5 天，浇 1 次大粪水；开始伸蔓时，第一次追肥；开花坐果后，追第二次肥；采收盛期，每采摘 2 次，需追肥一次。追肥时，注意深施埋严，并进行追后浇水。

（四）及时采收

开花后 10～14 天，在果实充分长大且比较脆嫩时要及时采收。采摘宜在早晨进行，用剪刀从果柄处剪下，包装整理好后上市销售。

二、庭院丝瓜栽培

丝瓜采收期长，可利用庭院的空间进行搭架栽植，在一定程度上调节家用蔬菜供应的余缺。

（一）品种要求

选择耐热、抗病毒病、产量高、品质优的品种，如翠玉丝瓜、江蔬 1 号丝瓜、五叶香丝瓜、上海香丝瓜等。

（二）播种育苗

育苗可在室内进行，也可在庭院内搭小拱棚进行。用种量根据空间大小，参照 666.7 平方米 500 克左右的大田用量进行折算。播前进行催芽，选择出芽好的种子播种育苗。出苗前保持温度 28～33℃，出苗后适时通风降温，保持温度 23～25℃。

（三）适时定植

一般 4 月中旬，秧苗 4 叶 1 心时，选择晴天定植。定植前施足基肥，施肥量参照 666.7 平方米优质圈肥 5 000 千克、过磷酸钙 80～120 千克、尿素 25～30 千克的大田用量进行折算，然后深翻 20 厘米，耙平后建畦。

（四）日常管理

定植后用小拱棚覆盖，尽量少通风，以提高棚内温度，促进缓苗。缓苗后，一是喷施 120 毫克/千克的乙烯利或 2 000 毫克/千克的比久，防止幼苗徒长，促进多现雌花，二是浇一次透水，而后转入蹲苗。苗高 30 厘米时搭支架，并采用"之"字形绑蔓上引，摘除侧蔓。当瓜蔓同时生长时，追肥浇水，原则上 2～3 天浇一次水，5～6 天施一次肥。每次追肥量按 666.7 平方米人粪尿 500 千克或硝酸铵 20～25 千克折算。

（五）及时采收

开花后 10～14 天，果实充分长大且比较脆嫩时，及时采收。采摘宜在早晨进行。

三、夏丝瓜栽培

夏丝瓜 4 月下旬～7 月上旬种植，6～10 月份上市。

（一）品种选择

夏丝瓜要选择耐热、早熟、丰产的品种。

（二）选地

夏丝瓜对土地没有什么特殊要求，但连续种植也会发生连作障碍，因此，一般不在前作为瓜类的地块种植丝瓜。

（三）整地播种

由于夏季雨水多，夏丝瓜整地要深沟高畦。畦沟宽 1.6 米，畦面宽 1.2 米。夏季温度高，出苗快，一般进行直播。播种前浸种 3～4 个小时或浸种后催芽 24 小时再播。单行双株，穴距30～40 厘米，每穴放 3～4 粒种子，盖土 1.5 厘米，盖上纱网，淋水。出苗后，每穴留苗 2 株。

（四）肥水管理

夏丝瓜苗期淋粪水 2～3 次；初花期重施肥，每 666.7 平方米追施复合肥 50 千克；每采收 2～3 次，追肥一次，每次每 666.7 平方米用复合肥 15 千克、尿素 10 千克、钾肥 5 千克。

夏丝瓜苗期水分不宜太多；抽蔓开花期需水较多，应在晴天早晚淋水；采收期除早晚淋水外，沟内要保持 10～20 厘米的湿润土层，雨后要及时排水。

（五）田间管理

1. 插竹引蔓 当蔓长至 30 厘米时插人字形竹架。插架后，不要马上引蔓，要适当窝藤、压蔓，有雌花出现时再向上引蔓，并使蔓均匀分布。

2. 吊瓜 当丝瓜幼瓜被竹、叶、蔓阻碍或卷须缠绕，不能自然下垂正常生长，容易变弯或畸形，要进行吊瓜和理瓜，一般吊瓜在成瓜后 2～3 天进行。

3. 摘除老叶 夏丝瓜采收后期，下部病叶、老叶影响通风，易传播病害，要及时摘除。

（六）及时采收

夏丝瓜从播种到初收 35～45 天，自花开放到采收商品瓜约

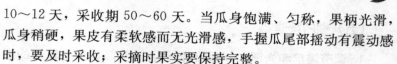

10～12 天，采收期 50～60 天。当瓜身饱满、匀称，果柄光滑，瓜身稍硬，果皮有柔软感而无光滑感，手握瓜尾部摇动有震动感时，要及时采收；采摘时果实要保持完整。

四、大棚丝瓜高产栽培

（一）品种选择

大棚丝瓜宜选用植株生长旺盛、耐寒、适应强的品种，如圆筒丝瓜等。

（二）整地施肥

播种前结合耕翻，666.7 平方米施优质厩肥 5 000 千克以上、过磷酸钙 50 千克、硫酸钾 25 千克、腐熟饼肥 100 千克；整平耙细后，起垄，开沟，准备种植。

（三）播种育苗

播前用 50～60℃ 温水浸种 10 分钟，冷却后浸泡 24 小时，取出用纱布包好放置 28～32℃ 处进行催芽，每天用清水冲洗一次，待种子大部分露芽时即可播种。播种时先浇足底水，播后覆土 1.5 厘米。直播田可开沟播在垄背两侧，3～4 天幼苗即可出土，当幼苗长到 1～2 片真叶时，进行间苗，每穴只留一株壮苗；育苗移栽的，可结合间苗，及时将健壮幼苗移栽于定植田内，移栽后浇水保成活。

（四）定植时间及栽培方式

大棚丝瓜可于 10 月中旬进行直播，也可育苗移栽。栽培方式一般采用起垄大、小行种植，大行距 70 厘米，小行距 60 厘米，株距 30 厘米，666.7 平方米栽植 3 400 株左右。

（五）棚内管理

1. 调节温度和光照　丝瓜在整个生长期都要求有较高的温度，生长最适温度为 20～24℃，果实发育最适温度为 24～28℃，15℃左右生长缓慢，低于 10℃生长受抑制。日常管理中，棚内温度白天保持在 25～30℃，夜间保持在 18℃左右。

在丝瓜抽蔓前，可利用草苫适当控制日照时间，以促进茎叶生长和雌花分化；在开花结果期，要适时敞开草苫，充分利用阳光提高温度。

2. 适时浇水追肥　丝瓜苗期需水量不大，可视墒情适当浇小水 1～2 次；当蔓长到 5 厘米左右时，浇大水一次，结合浇水，666.7 平方米追施磷酸二氢钾 30 千克；开花结果以后，一般 7～8 天浇一次水，同时追施尿素 5 千克。

3. 搭架绑蔓，植株调整　丝瓜的茎蔓最长可达 7～8 米，当蔓长到 25 厘米左右时即需搭架。为减少架杆占据空间和遮阳，一般用铁丝或尼龙绳等直接系在大棚支架上，使其形成单行立式架，顶部不交叉，按原种植行距和密度垂直向上引蔓。蔓上架后，每 4～5 片叶绑一次，可采用"S"形绑法。

4. 保花保果　用 2，4-D 涂花可减少落花，显著提高坐果率。气温高时，使用浓度为 20 毫克/升，气温低时可用 30 毫克/升。既可用毛笔蘸药液涂于雌花柱头及花冠基部，也可直接用药液蘸花。使用时间以上午 8 时左右为宜。

（六）病虫害防治

丝瓜的主要病害有炭疽病、疫病、灰霉病，可用达科宁、世高、阿米西达、爱苗、多菌灵、百菌清、多霉灵等农药进行防治。虫害主要有瓜蚜和白粉虱等，可用阿克泰、鱼藤精、扫虱灵等进行防治。

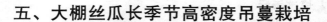

五、大棚丝瓜长季节高密度吊蔓栽培

采用大棚丝瓜长季节高密度吊蔓栽培技术，可以延长采收期，5～11月均可采收，填补伏夏市场空缺，获得较高的产量与经济效益。

（一）品种选用

宜选用生长旺盛的丝瓜品种，如江蔬1号丝瓜等。

（二）播种育苗

1月下旬采用大棚、小拱棚或地膜穴盘育苗。播前浸种催芽；出苗前密闭棚膜保温，棚温保持在30℃左右。50％以上的苗出土时，白天棚温控制在25℃左右，夜间保持在20℃左右。幼苗第一片真叶破心后提高棚温，小拱棚夜间加盖草帘。床土较干时喷适量温水，保持土壤相对湿度85％；移栽前7天逐步通风炼苗。

（三）定植

666.7平方米基施腐熟农家肥5 000千克、45％三元复合肥50千克。2月底，大小行定植，大行距1.5米，小行距75厘米，株距30厘米，666.7平方米定植2 400株左右。定植后覆盖地膜。

（四）温度管理

定植后少通风，提高棚内温度，白天保持棚温25～30℃，夜间保持在18℃左右。整个生长期尤其是夏季高温时，打开两头棚膜加强通风。

（五）搭架吊蔓

苗高 20 厘米时搭架引蔓。在大棚内纵向水平拉 8 条长绳，绳距棚顶 20～30 厘米，再引蔓系绳于水平绳上。横向水平每隔 4 个大棚横杆用钢管固定 1 根支架，撑起纵向绳线。引蔓上架以"S"形向上绕蔓，蔓绕到架顶时逐渐向下放蔓，隔 10～20 厘米放蔓一次，底部盘绕。

（六）整枝打杈

盘绕底部的叶片全部打去，确保田间通风透光。摘除第一雌花以下的侧枝，以后的侧枝留 1 片叶摘心。随着茎蔓生长，及时落蔓，蔓高不宜超过 1.5 米。

（七）施肥

缓苗后随水浇施缓苗肥，666.7 平方米施尿素 8 千克。从采收开始，根据天气情况和植株长势，每隔 15 天施一次肥，666.7 平方米随水浇施 45％三元复合肥 20 千克、氮肥 10 千克。

（八）保花保果

上午 8 时前后，用防落素涂花，提高坐果率。

（九）采收

5 月中旬开始采收，至 10 月底结束。

六、大棚秋冬茬丝瓜栽培

利用大棚进行丝瓜秋冬茬栽培，若措施得当，可以获得较高的产量；此茬丝瓜于元旦、春节期间上市，经济效益十分可观。

（一）选种

目前所栽培的普通丝瓜和有棱丝瓜中，大部分品种均适合温棚保护地秋冬茬栽培。由于普通丝瓜适应性强，产量较高，应为设施栽培的首选品种。生产中，要根据播期和采摘期选用不同的品种。一般早熟品种有济南棱丝瓜、北京棒丝瓜、夏优丝瓜、丰抗丝瓜等，晚熟品种有武汉白玉霜丝瓜、四川线丝瓜、皱皮丝瓜等。

（二）确定播期

播期的早晚直接影响该茬丝瓜的产量与效益。为确保 12 月中旬开始采收商品嫩瓜、元旦春节期间能够大量上市，必须根据不同的品种熟性确定适宜的播期，早熟和早中熟品种应于 9 月上旬播种，晚熟品种应于 8 月中旬播种。若 10 月下旬以后播种，即使采用早熟品种，至春节也刚进入嫩瓜采收期，经济效益要比早播种的低很多。因此，要准确了解所用品种的熟性早晚，以确定适宜的播种期。

（三）种子处理

因丝瓜种子的种壳较厚，播种前宜先浸种和催芽。将种子放入 60℃ 的热水中浸泡 20～30 分钟后，把种壳表面的黏液搓洗掉，然后换上 30℃ 的温水浸泡种子 3～4 小时，捞出放入 10% 磷酸三钠溶液中浸 15～20 分钟消毒，再取出用清水淘洗净，再置于 28～32℃ 的高温条件下催芽。当 2/3 的种子开口稍露白芽尖，呈现"芝麻白"即应播种。播种方式可以采用直播，也可以进行育苗移栽定植。

（四）育苗

一般采用营养钵育苗法。将熟化土壤和少量腐熟优质鸡粪混合均匀后装钵摆好，淋透水，每钵播 1～2 粒发芽种子，盖少量细土。用遮阳网或草苫遮挡苗床，防烈日曝晒和雨水冲浇。苗期注意保持苗土湿润，防止徒长。适宜定植的苗龄为 2 叶 1 心，最大不超过 3 叶 1 心。移栽定植前 7 天，喷 1 次 2‰磷酸二氢钾，促进根系发达和茎秆粗壮。

也可以采用苗床育苗法。苗床育苗时要注意：①合理配制营养土，一般按照厩肥与园田土 7∶3 或者 4∶6 的比例，每方营养土加硫酸钾 1 千克、过磷酸钙 2 千克和 50%多菌灵可湿性粉剂 60～80 克，混合均匀。②划割 10 厘米见方的营养土方块，确保取苗时带土块和减少伤根。③防止发生猝倒病、立枯病、炭疽病等苗期病害。播种前，每方苗床土加入金雷多米尔 100 克混匀或用适乐时 1 500 倍喷苗床土表，对苗期病害有很好预防的效果；出苗后 2～3 片真叶时，喷施金雷多米尔 600 倍液，或达科宁 500 倍液，或 72.2%普力克水剂 800～1 000 倍液，或 97%恶霉灵可湿性粉剂 2 500～3 000 倍液。④注意遮阴，降温，防止苗期徒长。

（五）定植

定植前，结合深翻整地，666.7 平方米施腐熟鸡、猪粪等优质厩肥 4 000 千克以上，整平耙匀后，采用南北向起垄，每垄间距 1.8 米。按照宽、窄行定植，窄行在垄背，行距 60～70 厘米，宽行跨垄沟，行距 100～120 厘米，株距 37 厘米，666.7 平方米栽植 2 000～2 500 株。

育苗移栽定植时应注意：①取苗时力求带坨完整，以减轻伤根。②采用"窝里放炮"施肥方法，每穴施充分发酵腐熟豆饼 1 千克左右，注意与土壤充分混合。③全部定植后，覆盖地膜。方法是，顺垄展平地膜，然后对准定植穴位置割 5～10 厘米开口，将瓜苗从开口处取出，用湿土两边压紧压实。

直播田可直接在垄背两侧浇足底墒水，开穴播种，播后覆土

1.5 厘米，3～4 天幼苗即可出土；当幼苗长到 1～2 片真叶时，可进行间苗定苗，每穴留 1 株壮苗。

（六）管理

1. 整枝引蔓 利用温棚南北端横梁，在苗垄的正上方顺行固定吊蔓铁丝，铁丝上按株距系上尼龙绳，丝瓜放蔓后及时引蔓；蔓上架后，每 4～5 片叶绑一次，按照 S 型绑蔓辅助上架。丝瓜主蔓侧蔓均能结瓜，但去主蔓留侧蔓更能提高产量，当瓜蔓长出 10～12 片叶时，摘心，留一侧枝，保留 2～3 个瓜。待侧枝上出现 2～3 个雌花时将其摘心，促使其再生侧枝，并及时落蔓。

2. 温度与光照调控 丝瓜喜强光，耐热，耐湿，怕寒冷，秋冬茬温棚丝瓜栽培要通过及时扣棚膜、早揭晚盖草苫及张挂镀铝聚酯反光幕、补光灯、增加覆盖层等增光、增温、保温措施，控制温棚内的光照及温度，保证每天光照时间最短不少于 8 小时，昼温 20～28℃，夜温 12～18℃，凌晨短时棚内最低气温不低于 10℃。生育期内，丝瓜抽蔓前可利用草苫适当控制日照时间，以促进茎叶生长和雌花分化。开花结果期，要适时敞开草苫，充分利用阳光提高温度。

3. 适时浇水、追肥 从定植到开花始期，丝瓜株体较小，需水需肥量少，在定植时采用"窝里放炮'施饼肥的情况下，一般不需要追肥；采用地膜覆盖的，不需要勤浇水，一般浇 1～2 次水即可。进入持续开花结果期后，为满足丝瓜高产栽培对水、肥的需求，浇水和追肥间隔时间应适当缩短，用量相对增加。进入结瓜盛期，前期可结合浇水冲施腐熟鸡粪和人粪稀，每次每 666.7 平方米棚田冲施 500～600 千克，或冲施腐植酸复混肥10～12 千克，中后期要冲施速效肥与叶面喷施速效肥交替进行。

4. 保花保果 丝瓜属异花授粉作物，温棚内媒介昆虫少，丝瓜坐果率较低。若实施人工授粉，或使用激素处理雌花，坐果结瓜率会明显提高。人工授粉的关键是要掌握授粉时间和采摘雄花质量，有棱丝瓜开花的时间在傍晚至第二天上午 10 时，人工授粉的最好时机是傍晚至第二天 9 时之前；普通丝瓜开花时间在 3～12 时，授粉良好时机是在 6～11 时，授粉时间过早过晚都会降低坐瓜率。用 2，4 - D 涂花，可减少落花和显著提高坐果率。

5. 防治病虫害 丝瓜的病害主要有病毒病、霜霉病、炭疽病、立枯病、疫病等。一旦发现病害，要及时进行防治。丝瓜的主要虫害是白粉虱、黄守瓜、瓜蚜等，一旦发现害虫，及时利用温棚能封闭的优势，采取燃烟剂熏灭害虫。

（七）适时采收

丝瓜以嫩瓜食用，所以采收适期比较严格，一般花后 10～12 天即可采收嫩瓜。生产上以果梗光滑、果实稍变色、茸毛减少及果皮手触有柔软感、果面有光泽时收获为宜。采收时间宜在早晨，每 1～2 天采收一次。

七、日光温室丝瓜集约化高效栽培

在日光温室内进行高密度丝瓜栽培，延长了丝瓜花期，花的开放时间由 5 天延长到 10 天以上，提高了丝瓜产量和栽培效益。

（一）选用优良品种，培育无病虫壮苗

选用的丝瓜品种需具有瓜条直、产量高、抗病性强、耐弱光等特性，如寿研特丰 1 号、寿研特丰 2 号等。

可采用直接播种法或苗床集中育苗移栽法。直播时为了确保苗全，每穴播 2 粒种子，当到达 4 片真叶时再进行间苗，每穴留 1 株。苗床集中育苗在苗高 10～15 厘米、有 4 片真叶、茎粗 0.5 厘米时进行定植。

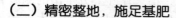

（二）精密整地，施足基肥

于 8 月中旬～9 月下旬，利用高温天气对大棚进行高温闷棚。闷棚前将大棚内土壤深翻 40 厘米以上，每 666.7 平方米施入充分腐熟的圈肥 5 000 千克以上，肥料与土壤充分混匀，然后盖好大棚薄膜并加以密闭，棚内地面用旧薄膜盖严，在晴好天气下保持 14 天左右。闷棚期间，棚内土壤温度高达 60℃以上，可以杀死土壤内的大部分病原菌和虫卵。闷棚时，若施用棉隆或石灰氮消毒，效果会更好。闷棚后起垄，垄宽 30 厘米、高 20 厘米，两垄之间留 20 厘米宽的水沟。丝瓜栽在垄背上，每两垄之间的作业道宽 80 厘米，实行大、小行双垄栽培，大行距 80 厘米，小行距 50 厘米，株距 25～27 厘米。

（三）及时吊蔓、落蔓，加强通风透光

当株高 50～60 厘米时，要及时进行吊蔓。可顺行间拉 1 根 12 号钢丝，在植株上方用尼龙绳或高强度塑料绳吊蔓，绳一端系在钢丝上，另一端系在植株基部，然后把植株缠绕到绳子上。丝瓜集约化栽培用时较长，植株可长到 10 米以上。因此，在生长进程中，要不时地进行落蔓，以方便农事操作。当植株长到 1 米高时，如第一朵花开放时植株茎较细，可把花疏去；如植株粗度能保证 1 个瓜的生长，则可保存第一个瓜，并保留瓜上面 3 个叶片作为养分供给源，对第三片叶以上进行摘心。不管留瓜与否，当植株有 12 片叶左右时都要摘心，并加强肥水管理，确保植株健壮生长。

（四）随时调整植株，保证丝瓜坐稳、坐正

此种栽培方式栽培密度较高（每 666.7 平方米栽植 3 800～4 100 株），加上丝瓜又是分枝较多的蔓性蔬菜，为和谐个体与集体之间的矛盾，需要不时地进行植株调整。操作办法是：结瓜

后在瓜上面保存 3 片叶进行摘心，第三片叶上方生出的侧蔓和瓜要及时摘除；而第三片叶的叶腋处的侧蔓则让其替代本来的主枝持续向上生长，在侧蔓上有雌花时进行人工授粉，在瓜上面留 3 片叶再进行摘心，并用下一级侧蔓替代这一侧蔓向上生长……，如此持续下去，即所谓的"假单蔓整枝"。采用这种整枝方式栽培的无限生长型丝瓜，结瓜期可长达 8 个月，666.7 平方米产量可达 20 000 千克以上。

（五）细心浸瓜胎，保证花鲜瓜直

试验证明，不用药液浸泡的丝瓜花最多在瓜上保持 3 天时间，而用药液浸泡时，只要浸泡时机恰当，不仅能起到人工授粉的作用，还能使丝瓜花保持 10 天以上不萎蔫。浸瓜药剂可用吡效隆、青鲜素、顺直王等，按一定比例配成药液后放在 1 个广口容器中，在丝瓜雌花蕾将要绽放时，连同瓜胎一同放进药液中，使药液在花和瓜的表面分布均匀。把瓜胎从药液中捞出后，要用力甩瓜，将构成药滴的药液甩掉，以防形成激素中毒。浸瓜 2 天后，查看瓜能否坐住、能否有畸形，对畸形瓜和没有坐住的瓜要及时摘除，以确保瓜条顺直。浸瓜时要细心操作，不可把药液溅到叶子上，以免发生药害。

（六）科学防治病害，确保产品安全、无害

保护地丝瓜集约化高密度栽培条件下，空气与土壤湿度大，病害易发生。常见的病害有丝瓜白粉病、疫病、病毒病和根结线虫病等。要根据不同病害的发生流行特点，有针对性地进行防治。使用药剂时，要严格按照农药使用说明书推荐的浓度进行喷雾，避免浓度过大形成药害；注意轮换用药，避免发生抗药性。

（七）适时采摘

丝瓜达到商品瓜大小时，要及时采收，采收过早产量太低，

采收过晚则影响下一茬坐瓜。

八、丝瓜套袋高产栽培

近几年，丝瓜的栽培面积不断扩大，安全质量要求也越来越高。要想丝瓜安全优质高产，可进行套袋栽培。

（一）品种选择

应选用早熟、高产、优质、抗病虫、抗逆性强、适应性强、瓜蔓短、节间短、雌花坐果节位低、结果多、果肉厚、质嫩、品质好的品种，如咸宁早杂肉丝瓜、上海香丝瓜、驻丝瓜1号等。

（二）育苗

丝瓜可以直播，也可育苗移栽。无论哪种形式，最好先浸种催芽，然后播种。

露地直播的，一般每穴2～3粒种子，666.7平方米需种子250克左右，出苗后要及时间苗、定苗。

采用育苗移栽的，苗床营养土可用3年内未种过瓜类作物的园土与优质腐熟有机肥混合配制，每平方米苗床用50%多菌灵或50%甲基硫菌灵可湿粉5～10克拌匀消毒，666.7平方米需种子100～150克，早春气温低时，需采取防寒保温措施，大约经过30～40天苗龄，长到3～4片真叶就可定植。

（三）整地定植

选择土壤耕层深厚肥沃、排灌方便、保水力强的土壤定植，并且3年内未种过棉花或前茬为非瓜类作物。播种或栽植前，深耕晒土，每666.7平方米施优质腐熟有机肥4 000千克、硫酸钾20千克、过磷酸钙120千克、尿素10千克。

栽培畦的宽度可根据品种熟期而定。春季早熟栽培品种，可采用宽畦密植，畦宽 1.8～2.0 米，每畦 2 行，株距 30～40 厘米，666.7 平方米保苗 2 000 株左右；晚熟品种生育期长，侧枝结瓜也较好，可适当稀植，666.7 平方米保苗 1 600～1 800 株左右。

定植后，及时浇定植水，以后可视土壤墒情和天气情况浇缓苗水。

（四）田间管理

1. 肥水管理 丝瓜生育期较长，对养分需求量大。定植成活后，结合浇水，追施浓度为 10% 的腐熟人畜粪 1～2 次为提苗肥，促进根系发育和抽蔓；随着秧苗生长，可每隔 7～10 天追肥一次；当开始结瓜后，必须加大施肥量，以满足正常生长和开花结果对养分的需要；每采收 1～2 次，追肥一次，每 666.7 平方米施碳铵 15 千克或尿素 7.5 千克，或三元复合肥 10～15 千克，追肥应结合浇水进行。

丝瓜叶片大，蒸腾量大，开花结果多，总需水量也较大，特别是早期，必须及时灌水才能保证多开花多结瓜，结大瓜。无雨情况下，在丝瓜结果期间，每隔 5～7 天浇水一次。浇水要均匀，切忌大水漫灌。雨天要及时排水，以防积水影响植株生长。

2. 植株整理 丝瓜是蔓生植物，一般当丝瓜蔓长至 30～60 厘米时要及时搭架。要根据品种生长势强弱及分枝情况，采用不同的搭架方式。生长旺盛、分枝力强的品种，以棚架为好；长势弱、蔓较短的早熟品种，以人字架或篱笆架为好。丝瓜蔓上架之前，要随时摘除侧芽，引蔓上架，及时绑扎，使茎蔓分布均匀，提高光能利用率，使主侧蔓均能开花结果，并能连续结瓜，陆续采收。

为提高丝瓜产量和质量，要及时进行整枝打杈，摘除过多或无效侧蔓，使养分供给正常发育的花和果实，一般主蔓基部 0.5

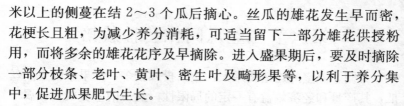

米以上的侧蔓在结 2～3 个瓜后摘心。丝瓜的雄花发生早而密，花梗长且粗，为减少养分消耗，可适当留下一部分雄花供授粉用，而将多余的雄花花序及早摘除。进入盛果期后，要及时摘除一部分枝条、老叶、黄叶、密生叶及畸形果等，以利于养分集中，促进瓜果肥大生长。

3. 果实套袋的管理 为防止瓜实蝇等害虫在丝瓜果实上产卵危害，可于坐果后，用规格为 40 厘米×18 厘米的白色纸袋或无色透明的乙烯薄膜袋套在果实上，将袋口在果柄部用线绳扎在一起，但不能绑扎过紧，否则会影响果柄横向生长。果实套袋不仅可以防止虫害，还可避免农药直接喷到果实上而造成污染，确保产量和提高品质。

4. 病虫害防治 丝瓜病害主要有褐斑病、炭疽病、霜霉病等，可用阿米西达、爱苗、百泰、金雷多米尔、代森锰锌、百菌清、多菌灵等杀菌剂喷雾防治。主要害虫为针蜂（瓜果蝇）和黑守爪、蚜虫、白粉虱等，可用 80% 敌敌畏乳油暗火熏蒸，或选用阿立卡、阿克泰等农药进行防治。

5. 采收 丝瓜要适时采收。采收过迟，则纤维化，瓜质老化，严重影响食用；采收过早，则影响产量。供鲜食用的丝瓜，从开花到瓜成熟约需 10～12 天，当果梗光滑稍变色、茸毛减少、瓜身饱满、皮色呈现品种特性、果皮柔软时便可采收。采收以早晨果温尚未升高时为宜。初收期，隔 1～2 天采收 1 次；盛收期，则每天采收 1 次。

收瓜时去掉套袋（可再用），用割刀或剪刀在果梗 2 厘米处剪断，尽量不要擦伤果皮和擦掉果粉，轻放，忌受震动和挤压，可平摆在芥篓或纸箱内。丝瓜不耐贮运，常温下一般只能保持 1～2 天，采收后应立即上市，若上市不及时，可浸泡在凉水中 1～2 天，仍能保持外形色泽和品质不变。在运输过程中，要避免果实水分蒸发，影响商品瓜的品质。

第六节　丝瓜间作套种栽培

大棚、温室的建造费用大，生产投入较多，如果单纯生产丝瓜，其产量和经济效益有一定的局限性。丝瓜的茎蔓较长，属于缠绕性攀缘植物，栽培的行距较大，多为支架栽培。作为支架栽培，往往高出地面 1.5 米以上，行间间隙较多。利用大棚、温室不同层次以及不同季节的小气候特点，合理安排茬口，丝瓜与其他蔬菜种类进行合理的间作套种，实行立体高效栽培，可以提高种植效益，增加土地产出率及利用率。

比较合理的间作套种组合有丝瓜套种黄瓜、丝瓜套种空心菜、丝瓜套种苋菜、丝瓜套种茄子等。

一、丝瓜套种茄子

茄子、丝瓜是深受城乡居民喜爱的蔬菜。近年来，河南省开封郊区菜农在温室早春茬茄子行间套种丝瓜，既提高了土地利用效率，又大幅度提高了经济效益。

（一）茄子

1. 品种选择　选择抗寒、早熟、丰产优质的品种，如新乡糙青茄、北京六叶茄、西安绿茄等。

2. 育苗　于 11 月中旬，采用塑料温室育苗。播种前，先用 55℃ 的温水浸种 15 分钟，然后用清水浸种 24 小时，催芽 5～6 天播种。播种后，白天温度控制在 30～33℃，夜间 20～22℃。

3. 整地施肥及定植　定植前，深翻整地，666.7 平方米施有机肥 5 000 千克、磷肥 30 千克、三元复合肥 25 千克。2 月中旬选择晴天，采用宽、窄行定植，宽行距 80 厘米，窄行距 50 厘

米，株距 35 厘米。定植时，浅栽高培土，并浇足定植水。

4. 田间管理

（1）温度调控　定植后，温室密闭增温一周左右；缓苗后，棚温白天保持在 25℃左右，夜间保持在 15℃以上；开花坐果期，棚温白天保持在 25～30℃，夜间保持在 15℃以上。

（2）肥水管理　缓苗后浅浇一水，当门茄幼果达到 3～4 厘米时，结合浇水，每 666.7 平方米追施尿素 15 千克、硫酸钾 15 千克，以后大约 15 天浇水、追肥一次。盛果期，进行叶面喷肥或喷施 1% 糖水。

（3）病虫害防治　茄子主要病害有绵疫病、褐纹病、灰霉病、黄萎病等，可用百菌清、速克灵、阿米西达、爱苗、百泰、安泰生等药剂喷洒，发现黄萎病株及时拔除。主要虫害有螨类和蚜虫、白粉虱等，可用溴氰菊酯、吡虫啉、阿立卡、阿克泰等药剂喷洒，每 7 天喷一次，共喷 2～3 次。

（二）丝瓜

1. 品种选择及育苗　选用商品性好的丰产品种，如白玉霜、棒槌丝瓜等。3 月中下旬育苗，育苗时把种子放在 55℃温水中浸 5 分钟，掺入凉水降至 25℃浸种 8～10 小时，催芽 2～3 天即可播种。

2. 移栽定植　4 月下旬，当茄子采收后，在茄子宽行中，按株距 70 厘米移栽丝瓜苗，移栽时幼苗带土坨，栽后浇足定根水。

3. 栽后管理　丝瓜茎蔓伸长以后，用尼龙草吊线，并进行人工引蔓，引蔓后及时固定。5 月中上旬气温回升，棚膜去除后，茎蔓爬到棚架上部时，不再绑蔓和引蔓。当丝瓜进入结果期后，及时拔除茄秧。结合中耕，除草一次。

4. 肥水管理　生产中，每收获 1～2 次丝瓜，结合浇水，离植株根部 12 厘米左右，挖穴深施肥，666.7 平方米穴施尿素 8 千克，埋入肥料后浇足水。

二、冬春大棚丝瓜套种蕹菜

福建省泉州市在蔬菜生产中，冬、春季节利用大棚丝瓜套种蕹菜取得成功，春节前后以蕹菜为主，4 月后以丝瓜为主，获得了明显的经济效益。

（一）品种选择

丝瓜采用本地优良品种延陵丝瓜。蕹菜为泰国蕹菜或中国台湾蕹菜，中国台湾蕹菜耐低温，产量一般，但品种好，后期市场价格高。

（二）整地作畦

结合耕翻晒土，施足基肥，每个标准大棚（长 30 米，宽 6 米）施土杂肥 500 千克。大棚中间作 3 个宽畦，畦宽 1.5 米（包沟），两边作 2 个窄畦，畦宽 60 厘米。播种前灌透水，覆棚膜。

（三）播种育苗

11 月上中旬，蕹菜浸种催芽后直播。每棚用种量 3 千克，播后撒上一层 0.5 厘米厚的细土，覆遮阳网，保持畦面湿润，幼苗出土 3～5 天后喷 1 次 800 倍液的甲基托布津或杀毒矾，预防猝倒病。

12 月中下旬，育丝瓜苗。播种前，浸种 24 小时，3～5 天露芽后播于营养钵中。营养土配方为火烧土 1 份、未种过瓜类作物的田土 2 份、草木灰 1 份，播种前 2 天每平方米营养土加入钙镁磷肥 5 千克、尿素 0.25 千克，翻拌均匀，装钵后用多菌灵 600 倍液浇透。营养钵排列紧密，覆地膜保温保湿，50％幼苗出土后揭膜，转入苗期管理。

（四）田间管理

（1）雍菜　大棚雍菜一般于晴天中午浇水，以免土温下降，收获 2 茬后，结合浇水，追施尿素（每棚每茬次 2 千克），浇水后适当通风时间。寒流前 2～3 天或寒流后，交替使用 77％可杀得和 58％瑞毒锰锌可湿性粉剂 500 倍液，或用熏灵烟雾剂防治雍菜白锈病、褐斑病等。

（2）丝瓜　窄畦上的雍菜 2 月上中旬可整株采收上市，平整后覆地膜，定植丝瓜，株距 35 厘米。此时若遇上低温天气，要搭小拱棚保温，确保成活发棵。3 月上中旬，蔓长 60～70 厘米时，用塑料绳引蔓；4 月上中旬温度迅速回升，揭去棚膜。雍菜价格降低时清茬，丝瓜开始追肥培土和整枝理蔓。每棚追施复合肥 20 千克、尿素 5 千克。丝瓜第 1 次摘心后留瓜 3～4 个，留 1 条强壮侧蔓代替主蔓，其他瘦弱侧蔓摘除。4 月中下旬，第 1 批瓜采收后，主蔓再伸长 1 米左右时，留瓜 4～5 个，再次摘心，摘除多余的雄花和侧蔓及部分老叶。4 月下旬～5 月下旬，瓜实蝇和斑潜蝇发生初期，喷施阿克泰、阿立卡等进行防治。中后期管理同露地栽培。为提高丝瓜商品性，可在花谢后残留花萼处吊上装有少量泥土的塑料袋，利用重力拉直丝瓜伸长。7 月中下旬拉秧清茬。

三、秋季大棚丝瓜套种绿叶菜

在福建省泉州地区，7、8 月份是台风暴雨多发季节，蔬菜露地栽培较为困难，可利用大棚进行设施栽培。为提高大棚利用率，该地菜农经过几年探索，秋季丝瓜套种绿叶蔬菜获得了显著的经济效益。

（一）茬口安排

7 月中旬直播丝瓜和油白菜，油白菜 25 天即可收获。8 月中旬在油白菜地条播早菠菜，早菠菜播种后约 45 天采收，早菠菜收后翻耕晒白即可直播大叶茼蒿。丝瓜从播种到始收期约 45 天，此时正值本地延陵丝瓜彻底拉秧，有棱丝瓜取代延陵丝瓜经济效益较好。早菠菜、大叶茼蒿皆比正常季节分别提前 1 个月和 1 周上市，经济效益显著。

（二）品种选择

丝瓜选择农友有棱丝瓜"三喜"品种。油白菜可采用当地主栽品种台湾清江白。早菠菜为福清或漳洲地方品种，茼蒿为大叶茼蒿。

（三）整地作畦

结合翻耕晒白作畦，一个大棚（标准棚长 30 米，宽 6 米）做成 4 畦，旁边两畦种绿叶蔬菜，中间两畦种丝瓜。施足基肥，一般每 666.7 平方米施发酵腐熟鸡粪 1 000 千克、硫酸钾 50 千克、过磷酸钙 150 千克、磷酸二铵 50 千克。深翻整平，覆盖遮阳网降温。

（四）播种育苗

丝瓜 7 月中旬播种，播种前浸种 24 小时，3～5 天露芽后直播于大棚，单行种植，每行播于离中间畦沟 30 厘米处，株距 50 厘米，地膜覆盖。油白菜与丝瓜同时播种，撒播于旁边两畦，用种量 50 克。早菠菜用活力素粉剂 200 倍浸种 24 小时，放入冰箱催芽 2～3 天，8 月中旬翻耕后条播于大棚，用种量 500 克。9 月中旬直播大叶茼蒿，用种量 300 克。

（五）田间管理

1. 绿叶蔬菜　直播田一般要求 3 叶间苗、4 叶定苗，株、行距各 4 厘米。绿叶蔬菜施肥以氮肥为主，并根据墒情浇水，保持土壤湿润。油白菜、早菠菜间苗后，15 天左右施 1 次薄肥，随水每 666.7 平方米追三元复合肥 10 千克；大叶茼蒿采收 2 批，每采收一批（即 14 天左右）追施一次速效肥，每次每 666.7 平方米追三元复合肥 10 千克。

虫害主要是小菜蛾、菜青虫、甜菜夜蛾等，病害主要是小白菜黄叶病、菠菜猝倒病、茼蒿炭疽病等，应及时喷药防治。有条件的可覆盖防虫网，不仅可有效防治虫害，而且可防 7、8 月台风暴雨毁坏叶片。

2. 丝瓜　结果前期，适当控制浇水和温度，防止秧苗徒长。丝瓜茎叶生长旺盛，需进行植株调整。为了充分利用空间，当蔓长 50 厘米时，采用"S"形吊蔓法吊蔓，每株 1 绳，当株高 1.8 米左右时，分别拉向大棚左右两侧，构成平架。及时去掉侧蔓和卷须，利用主蔓连续摘心法结果，当主蔓 20~23 个叶时进行第 1 次摘心，保留顶叶的侧芽，侧芽 6~7 片叶时进行第 2 次摘心。以后按上述方法连续摘心去侧蔓。根据植株长势的强弱，第 1 次摘心时留 3~4 个雌花，其余雌花摘除，用 20~30 毫克/升的 2，4-D 涂抹幼瓜，促进坐瓜。

开花坐果前一般不浇水，如遇干旱可浇小水。丝瓜开花坐果后，必须保证充足的水、肥供应，一般 10~15 天浇水 1 次；商品瓜开始采收后追肥 1 次，10~15 天后再追施第 2 次，每次每 666.7 平方米随水冲施三元复合肥 10~15 千克。

植株过高时，要摘除下部老叶，适时落蔓，以利于通风透光，减少养分消耗。

直播后大约 35 天，第一雌花即可开花，从开花至商品瓜采收期约 10~15 天。当瓜条约 300~350 克，约八分成熟时采收。采收时，宜用剪刀剪下，以上午采收为宜。丝瓜连续结果性强，盛果期应勤收，1~2 天采收一次。

丝瓜的主要病害有白粉病、霜霉病等，虫害主要有美洲斑潜蝇、蚜虫、瓜实蝇等，应及时喷药防治。

（六）拉秧

12月上、中旬，丝瓜进入生长后期，茼蒿植株老化，可同时拉秧清田。

四、北方早春大棚丝瓜套种芫荽

丝瓜营养丰富，药用价值极高。芫荽别名香菜，是耐寒性蔬菜，夏季受高温限制，栽培面积很少。通过棚栽丝瓜芫荽套种技术，可以降低生产成本，提高土地利用率，增加经济效益。

（一）品种选择

北方早春棚栽培丝瓜以早熟、抗病、优质为主，如上海香丝瓜、南京长丝瓜、棠东丝瓜等。伏芫荽有北方地区常用的山东大叶香菜、莱阳芫荽等。

（二）茬口安排

丝瓜是耐热性蔬菜，生长适温范围25～35℃，北方棚栽丝瓜，于3月上、中旬在温室播种育苗，4月中、下旬大棚定植，进入7月份，可采收上市；芫荽是耐寒性蔬菜，生长适温范围17～20℃，超过30℃生长不利。6月上、中旬丝瓜蔓上架后，在丝瓜行间直播（隔行播）伏芫荽，芫荽出苗后，丝瓜为其提供遮荫条件，使温度降低，有利于芫荽苗正常生长，7月下旬开始，伏芫荽便可间收上市。

（三）育苗及苗期管理

1. 种子处理　将丝瓜种子精选后，放入50～55℃温水中，不断搅拌，维持10～15分钟后使水温冷却到30℃，浸种24小时，浸种期间10小时换一次清水。浸种后将种子揉搓洗净，捞出，放在纱布上包好，在 25～28℃温度下催芽，催芽期间每天用 30℃水投洗 1～2 次，种子露白后即可播种。芫荽果实内包两粒种子，播种前须把果实搓开，以利出苗，否则，出苗缓慢而且参差不齐。

2. 土壤处理及播种　将草炭土或大田土与腐熟农家肥以 1：1 比例混匀，装入自制纸钵中。纸钵大小为 10 厘米×10 厘米。装土时，纸钵下部土壤压实，上部土壤疏松，且留 2 厘米左右空间。装好后，将纸钵摆入苗床内，四周少量培土。播种前，将纸钵浇透水，水渗后，将已催芽的丝瓜种子点入纸钵中，每钵 1 粒，覆土 1.5 厘米，覆地膜提温保墒；如遇寒流，可在育苗床上扣小拱棚保温，666.7 平方米播种量 250～300 克。

芫荽采用撒播方式，密植间收，666.7 平方米播种量为 2～5 千克，播后覆土 1 厘米，保持土壤湿润。

3. 苗期管理　点籽后，昼温控制在 25～30℃，土温 20～25℃，4～5 天出苗，出苗后保持白天 20～25℃，夜间 15～20℃。幼苗期正处于日照时数短、光照弱、温度低季节，浇水不宜过多，土壤保持见干见湿为宜；浇水过多，遇低温会引起沤根。幼苗出土后，前期需光照少，随着幼苗生长，可适当增加光照。为了使幼苗适应大棚内环境条件，提高定植后成活率，可在定植前 1 周对秧苗进行锻炼，炼苗期间停止浇水、逐渐降温，增加通风量。

（四）定植及定植后管理

1. 准备　定植前 20 天扣棚，也可在头年秋天扣棚，有利棚内化冻。土壤化冻后，每 666.7 平方米施优质腐熟有机肥 5 000～6 000 千克、磷酸二铵 15 千克。深翻后，整地起垄，垄距为 60 厘米。当棚内日平均气温不低于 10℃、10 厘米深的土温不低于 12℃时，即达到定植安全期。

2. 定植　秧苗有 4 片真叶展开时，选健壮秧苗，在晴天上

午进行定植，株距 35～40 厘米。定植后，浇足底水，666.7 平方米保苗 2 000 株。

3. 定植后管理

（1）温度管理　定植后缓苗期间，白天 30～35℃，夜间 20～25℃；缓苗后，白天 25～30℃，夜间 18～20℃，白天气温超过 35℃时，适当通风。当最低气温超过 15℃，可减少通风，棚膜一直盖到采收结束。

（2）肥水管理　丝瓜喜潮湿的土壤环境，整个生育期间，都要保持土壤湿润，前期缓苗后浇一次缓苗水。开花结果期，1 周左右浇一次水，采收盛期 3～4 天浇一次水。浇水选晴天上午进行，灌水要均匀，忌大水漫灌。如果缺水，果实纤维增多，瓜条不匀，品质下降。另外，丝瓜在施足基肥前提下要及时追肥。缓苗后随水追一次肥，施复合肥 5～10 千克；进入开花结果期，每 7～10 天追一次肥；采收期间，每采收 2～3 次后追肥一次，每次追肥可用复合肥，也可用人粪尿，666.7 平方米施复合肥 5～10 千克或人粪尿 200～300 千克；开花结果期间防止脱肥，脱肥会导致畸形果，影响品质。

（3）植株调整　丝瓜长至 30～50 厘米时及时吊绳，引蔓上架，及时对茎蔓绑扎，防止脱落。植株上架前，侧蔓全部摘除。上架后，如果瓜蔓过密，应摘除部分侧蔓，选留粗壮侧蔓。生长过程中，及时摘除多余雄花序、卷须、畸型果。中后期，打掉下部老叶、黄叶、病叶，增加通风、透光条件，减少病虫害发生。

（4）人工授粉　前期气温低，光照弱，坐果率低，可采取人工授粉，提高坐果率，增加产量。

（五）病虫害防治

丝瓜主要病害为疫病、霜霉病、蔓枯病等，可用爱苗、阿米西达、世高、百菌清、金雷多米尔、杀毒矾或乙磷铝等进行防

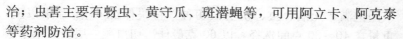

治；虫害主要有蚜虫、黄守瓜、斑潜蝇等，可用阿立卡、阿克泰等药剂防治。

伏芫荽在整个生育期间病害较少，若有香菜斑点病，可选用安泰生、百泰、品润等药剂防治；虫害以蚜虫为主，防治方法同丝瓜。

（六）采收

一般在丝瓜开花后 10～15 天，丝瓜果实充实，果梗光滑，果肉脆嫩，果皮用手触摸有柔软感，则达到采收标准。采收初期，3～5 天采收一次；进入采收盛期，1～2 天即可采收一次。

伏芫荽在播种后 35～40 天、苗高 10～15 厘米即可陆续间收上市。

五、大棚早姜套种丝瓜

四川、重庆等地利用大棚进行早姜与丝瓜进行套种，666.7 平方米产早姜（7～8 月收获）1 500～2 000 千克，产丝瓜 2 000～2 500 千克，获得了可观的效益。

（一）培育姜芽

种姜催芽在 2 月中旬进行，根据姜茎粗细，每 666.7 平方米准备种姜 400～500 千克。

在地势高燥、背风向阳处挖一个 50 厘米深的圆坑，坑的大小因种量而定。坑内填草叶、浮萍或马粪、牛粪等酿热物，踩紧压实并高出地面 10 厘米，上面盖细土，踩紧后达 13～15 厘米即可。早春寒冷地区酿热物宜多装。另外，按 1：3 000 倍拌姜瘟净药土备用，每 100 千克种姜用药土 50 千克。

出窖种姜水分较重，最好晒 1～2 天。选种皮及姜芽眼完整、节间饱满、无病、虫、伤块根切种，每块保证 61 个芽眼以上，重量在 40～80 克间选择，以 60 克最佳。切口蘸一层新鲜草木灰以促进愈合。

先在芽床上撒 1 层药土，再把姜块平放在上面并留出适当空隙，酿热物四周留出 10 厘米边缘，放姜块 10 厘米厚再撒 1 层药土，种姜堆放高度 50 厘米，堆完后顶部及周围覆盖稻、麦壳及稻草（均需浸湿）15～20 厘米，再盖薄膜（越厚越好）保湿。

催芽期间，种姜堆内保持湿度 70%～80%，湿度低时可灌温热水加湿。温度保持 15～30℃，晚上温度过低时，要增加覆盖，晴天温度过高时要揭膜。

（二）施肥整地

生姜忌涝、忌旱，且耐肥喜湿，应选择土壤肥沃疏松、排灌方便的地块种植。2 月深耕，促进土壤熟化。3 月中旬搭大棚，跨度以 4.8 米或 6.3 米为宜。若土壤较干时，可在棚内灌透水，待散松后按姜沟 90 厘米（棚两边 60 厘米）、姜埂 60 厘米划线，把姜沟土取出堆于姜埂并踩紧拍实。姜埂做成梯形，埂面宽 40 厘米、高 20～25 厘米。按姜沟净面积施基肥，早姜总施肥量可全做基肥施用，也可留少量做追肥用。一般每平方米施氯化钾 50 克、过磷酸钙 120 克、尿素 80 克，或每平方米施复合肥 200 克、尿素 30 克。深翻 20 厘米，使肥与土混匀，耙平后铺 90 厘米宽薄膜并闷棚。

（三）移栽

4 月上旬左右，约 50% 姜芽长到 1.5～2.5 厘米时即可移栽。先揭去姜沟薄膜，按 20 厘米×25 厘米规格撬窝，窝深 10 厘米，种姜一律按芽南母北定向移栽。姜根再生能力差，栽放时要平展，盖土要轻，尽量不伤根毛。栽后浇定根水，耙平畦面覆膜，拉紧四周并用土压紧。未长成的种块继续覆盖催芽，第二批栽完。

（四）大田管理

姜出芽期不要通风，高温高湿有利于姜芽生长。姜芽出土齐苗后，若土壤干白，须在上午 10 时前浇透水，此法在整个生长期使用。待大部分姜苗长出粗叶后，要在晴天温度较高时揭膜通风，棚温控制在 35℃ 以下，此法坚持到揭膜前。姜苗具有 10 片左右叶时，每 666.7 平方米用尿素 10 千克加水 5 000 千克浇 1 次，并撬散埂土，培土厚度 5～7 厘米。不要撕地膜。待 80% 以上的姜窝具有 3 株苗时，再撬散埂土及埂基培土，使姜埂变成沟，沟深 15 厘米左右。

待气温稳定在 25℃ 以上时，揭去棚膜。

此法栽培生姜 666.7 平方米栽 7 000 窝以上，窝重 250 克左右即可收获。早姜不以产量为主，以市场价格及效益作为收获标准。

（五）丝瓜套种

生姜齐苗后，用营养钵育丝瓜苗，选用大棚专用丝瓜，按每 666.7 平方米宽棚 1 200 窝、窄棚 1 350 窝（包括损耗 1 500 窝）备苗，每钵播 2 粒，育苗在棚内空地进行。

生姜第二次培土后，沟内按 40 厘米窝距起土堆栽苗并浇透定根水，丝瓜每窝施复合肥 50 克做基肥。瓜苗长到 5 叶后插竹竿或接塑料绳引蔓。

丝瓜 6 叶左右开始结瓜，瓜蔓具有 2 节雄花和 3 节雌花后摘心，第二批蔓照此整枝。一般收两批瓜后，瓜蔓长到 2 米左右（与大棚揭膜时间差不多），揭膜后引蔓上棚架。并注意霜霉病防治。

生姜、丝瓜共生后期，瓜蔓的遮光率以 40%～50% 为宜。

六、大棚毛豆、芹菜、丝瓜套种栽培

三峡等地区利用塑料大棚进行毛豆、芹菜、丝瓜套种，取得了较好的经济效益。该项技术具有两大特点：一是由于早熟毛豆根瘤菌的活动，可有效地改善土质，同时能为后茬芹菜遮阴，省去芹菜繁琐的育苗环节；二是丝瓜夏秋生长期间枝繁叶茂，既能降低伏秋高温，又起到了芹菜软化栽培效果。

（一）早熟毛豆栽培技术

1. 品种选择　选用早熟、耐寒性强、低温发芽好、商品性好的品种，如红丰、日本大粒王等。

2. 整地播种　播种时间为 2 月下旬。播种前精细整地，每 666.7 平方米施腐熟农家肥 2 500 千克、过磷酸钙 50 千克。大棚内，中间只开一道畦沟，做成两大畦。行距 30 厘米，穴距 15 厘米，双株直播，播深 10 厘米，播后扣棚膜、覆地膜。

3. 田间管理　出苗后，应查苗补缺，并及时破膜，让苗正常生长。齐苗后，白天要开裙膜通风，昼温保持在 20～25℃，夜间要防寒防冻。3 月中旬以后，要加强通风。4 月中旬即可揭去棚膜。营养生长后期要追施氮素肥料 1～2 次，一般 666.7 平方米用尿素 5～10 千克。结荚期，666.7 平方米追施稀薄人粪尿 1 000～1 500 千克和草木灰 120 千克左右。水分管理应遵循"干花湿荚"原则。前期少，后期多，以保花促荚。同时在初花期进行摘心、打顶，抑制生长，促进豆荚早熟。

毛豆主要有锈病、蚜虫、豆荚螟等病虫危害。锈病在发病初期用戊唑醇、烯唑醇等药剂防治。虫害可用吡虫啉、阿立卡、阿克泰等药剂防治。

4. 采收　早熟毛豆一般于 5 月下旬豆粒饱满、豆荚尚青绿时采收。每株分 2～3 次采完。666.7 平方米产嫩荚 550 千克。

（二）丝瓜栽培技术

1. 品种选择 可选用早熟、耐寒、耐湿、丰产的蛇形丝瓜或棒槌丝瓜。一般以棒槌丝瓜最好。

2. 育苗移栽 当气温稳定在 12℃ 以上时即可播种。一般播前温汤浸种，于 3 月上旬在拱棚内播种育苗。棚内白天注意通风降温，夜间要保温防冻。在苗龄 40 天的 5 叶期即可移栽。可按 50 厘米的株距栽于大棚外两侧。

3. 田间管理 浇定根水时可加入稀人粪尿提苗。坐果前的肥水以控为主。根瓜坐果后，追施 1 次蔬菜专用复合肥，666.7 平方米用量为 25 千克，以利雌花分化。丝瓜采收后，每隔 7～10 天追施 1 次稀人粪尿加 1‰ 尿素，同时加大土壤湿度，以保证丝瓜旺盛生长。

当丝瓜蔓长 30～60 厘米时，要及时用塑料绳牵引绑缚上架。上架前植株只留主蔓，上架后应将主、侧蔓配置均匀，以免重叠拥挤。在生长过程中，及时摘除老叶、病叶及多余侧蔓，剪去卷须。前期气温低，花粉少，可进行人工授粉或喷施坐瓜灵保果。

丝瓜主要病虫有白粉病、霜霉病、病毒病、黄守瓜、蚜虫、瓜绢螟等，可用高效、低毒、低残留药剂进行防治。

4. 采收 丝瓜以嫩瓜供食用。应在嫩瓜大小适中、果皮柔嫩尚有光泽时采摘。一般在雌花开放后 10～12 天即可在清晨用剪刀齐柄剪收，采收期为 6 月上旬至 8 月下旬。

（三）芹菜栽培技术

1. 品种选择 选用产量高、不空心、纤维少的种子。如实秆青、玻璃脆等，最好是 2～3 年的陈种子，其抗病性强、发芽率较高。

2. 适时播种 采用条播，宽窄行种植，窄行 30 厘米，宽行 60 厘米。一般于 5 月中下旬，在毛豆行内浅中耕后开沟条播，适当拍打镇压，随后浇 1 次水。

3. 田间管理　播种后隔 2～3 天浇水 1 次，以降温保湿，促进种子萌发。随着幼苗出土和毛豆下部叶片的衰老，应逐步摘除毛豆下部老叶，以利通风透光。6 月上中旬，早熟毛豆收获后，剪除其秸秆，随即追肥浇水 1 次，促进芹菜幼苗生长。当气温降低到 25℃ 以下、苗高 14 厘米左右时，结束蹲苗，并供应充足肥水，一般 666.7 平方米追施尿素 20 千克或碳酸氢铵 50 千克，促进旺盛生长。每 3～4 天浇水 1 次，并加施稀人粪尿，以保持地面湿润。随着温度降低，逐渐减少浇水次数。

芹菜主要病虫有斑点病、病毒病和蚜虫，可采取综合措施进行防治。

4. 采收　当株高 50 厘米以上即可分批采收上市，以叶柄鲜嫩、纤维素少为佳品。

七、大棚丝瓜与越夏彩椒合理套种

山东省寿光市古城街道菜农在彩椒棚内的前脸处种植丝瓜，利用丝瓜给彩椒遮阴，既省钱又省工夫。

该方法是在棚前脸种植行中定植 1～2 棵丝瓜，丝瓜顺绳爬蔓至钢丝处时，会沿着彩椒吊绳的两根钢丝由南向北爬伸，爬到最后一个立柱时打头，这样就形成了天然的"遮阳网"。大棚较宽时，为保证遮阴效果，可以在后排立柱处再定植一行丝瓜，由吊蔓钢丝北向南爬蔓，进行遮阴。

采用这种栽培方法，应注意以下几点。

第一，丝瓜早于彩椒定植。丝瓜一般在彩椒定植前 20 天左右定植，或者在彩椒定植前一个月左右播种。越夏彩椒一般在 6 月中旬至 7 月上旬定植，此时棚内温度已经很高，但提前定植的丝瓜已爬蔓上架发挥遮阴作用。

第二，丝瓜生长过程中及时防虫。夏季棚室内通风条件良

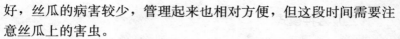

好，丝瓜的病害较少，管理起来也相对方便，但这段时间需要注意丝瓜上的害虫。

第三，调整植株的攀爬方向。在彩椒整枝打杈过程中，顺手将丝瓜茎蔓调整到种植行的钢丝上面，以避免操作行上部因丝瓜藤蔓交叉而遮阴不均，造成日常管理中操作不便，影响下部彩椒生长。

第四，不需遮阴时，要适时去除丝瓜藤蔓。一般在立秋前后，外界温度降低，日照时间变短，而此时彩椒转色则需要更多的光照，因此要及时用剪刀清除丝瓜藤蔓，改善通风透光。

利用丝瓜遮阴较遮阳网的效果好，简单方便。彩椒果形周正，色泽鲜亮，品质好；丝瓜赶上好行情，收入也较可观。

八、浙东越冬蔬菜与丝瓜春提早栽培套种模式

丝瓜是对温度要求较高的瓜类作物，在浙江东南一带，利用大棚多层覆盖可以进行常年栽培。近几年，温岭市高新农业科技示范基地将丝瓜与多种越冬蔬菜进行套种栽培，取得了明显效果，既提高了大棚利用率，又增加了经济效益。

（一）设施条件

采用跨度 8 米、顶高 3.5 米的钢管大棚或竹架大棚，棚内作畦 5 条，畦宽连沟 1.6 米。除套种木耳菜外，其他套种模式均全层覆盖地膜，并在膜下畦中间铺设一条滴管，中间留行种丝瓜。大棚采用双层覆盖，保持棚内气温 0℃以上。双层覆盖即在 10 月底之前盖上大棚膜，11 月底之前搭架覆盖 0.03 毫米厚的无滴内膜，内膜在大棚肩高 1.8 米处平拉，中间稍高，边上离大棚膜 20～30 厘米。棚内气温稳定在 15℃以上时撤掉内膜，5 月上旬揭去大棚裙膜，换上 22～24 目银灰色防虫网，减少害虫危害。

（二）套种模式

套种模式有 4 种，即丝瓜＋红茄、丝瓜＋番茄、丝瓜＋西葫芦、丝瓜＋木耳菜。其中，丝瓜＋红茄、丝瓜＋番茄效益较高。

（三）越冬蔬菜栽培技术

1. 红茄

（1）品种选择　选择耐低温弱光、品质好的品种，如杭丰 1 号、杭茄 1 号、杭州红茄等。

（2）施肥　整畦前，666.7 平方米撒施腐熟有机肥 2 000 千克、复合肥 40 千克、过磷酸钙 40 千克，翻耕、整平、耙细。定植成活后施 1.5％～2％尿素液，坐果后视情况，15 天左右施 1 次肥。

（3）育苗定植　7 月底播种，9 月上旬定植，苗龄约 40 天。每畦种植 2 行，双行错位种植，株距 50 厘米。定植后，浇定根水，并用多菌灵 800 倍液浇根。

（4）植株调整　除留主茎上第一雌花之下的侧枝外，主茎上的其他侧枝全部除去，坐果以后只对生长过密的内膛枝进行整枝，同时打掉植株下部老叶及过密叶片，以增加通风透光性。植株调整宜于晴天露水干后进行。

（5）病虫害防治　茄子主要病害有猝倒病、灰霉病、菌核病等。猝倒病主要发生在苗期，可用金雷多米尔或杀毒矾、克抗灵等预防或治疗；灰霉病、菌核病可用和瑞、速克灵、农利灵、扑海因、甲托、乙霉威、乙霉灵、万霉灵等防治。主要虫害有蚜虫和蓟马，可用阿立卡、阿泰克、菜喜、催杀、好年冬、一遍净等防治。

（6）采收　10 月底上市，一般在花后 20 天左右可采收。门茄适当提早采收，以促进植株生长。4 月下旬丝瓜爬满生长架出现遮阴时，可拔除茄子。

2. 番茄

（1）品种选择　选用优质高产、早熟性好的有限生长类型品

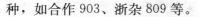

种，如合作 903、浙杂 809 等。

（2）育苗定植 8 月底播种，10 月中旬定植，苗龄 40 天左右，每畦种植 2 行，双行错位种植，株距 40 厘米，定植后浇定根水。

（3）植株调整 换头整枝法，即保留主秆第一花穗之下的侧枝，除去其他侧枝。主秆留两档果后打顶，保留的侧枝上也同样整枝，连续 3～4 次，每穗留果 3～4 个。及时疏去小果及劣果。

（4）施肥 每 666.7 平方米施腐熟有机肥 3 000 千克、复合肥 40 千克、过磷酸钙 50 千克。在第一穗果膨大时，每 666.7 平方米追施复合肥 20 千克、过磷酸钙 20 千克。第一档果采收后，可根据采收情况每隔 15 天追 1 次肥，每次用复合肥 10 千克、尿素 5 千克，钾肥适量。

（5）病虫害防治 番茄主要病害有叶霉病、灰霉病、脐腐病、疫病。叶霉病、灰霉病可用世高、阿米西达、阿米妙收、速克灵、扑海因等防治，叶霉病喷药要注意喷下部叶片的叶面和叶背。脐腐病可用氯化钙进行叶面喷施。疫病可用杀毒矾防治。主要虫害有蓟马、蚜虫，可用阿立卡、阿克泰、一遍净、好年冬等防治，斜纹夜蛾可用抑太保、锐劲特、乐斯本防治。

（6）采收 12 月底至翌年 1 月初开始上市。当番茄果面一半以上转色变红时即可采收上市，4 月底 5 月初，丝瓜爬满架时即可拔除番茄。

3. 西葫芦

（1）品种选择 可用早青一代、特早西葫芦等品种。

（2）育苗定植 10 月中、下旬播种，种子处理后直播营养钵，苗龄约 25 天。11 月上、中旬定植，双行错位种植，株距 60 厘米。

（3）植株调整 早熟品种分枝能力弱，可以利用双行错位种植，将植株朝对方中间生长可充分利用空间，并及时摘除下部老叶、黄叶及烂果、畸形果。

（4）施肥 每 666.7 平方米施腐熟有机肥 2 000 千克、复合肥 40 千克、过磷酸钙 30 千克。采收后开始追肥，20 天左右 1 次，每次施复合肥 10 千克、尿素 5 千克，钾肥适量。

（5）病虫害防治　西葫芦主要病害有白粉病、病毒病、灰霉病。可用翠贝、世高、阿米西达、爱苗等防治白粉病；病毒病以预防蚜虫为主，发病初期用病毒 A、病毒灵等防治；灰霉病用和瑞、速克灵、扑海因等防治。

（6）采收　2 月上旬开始上市。一般花后 10 天即可采收，如气温升高，则 6～7 天即可采收。西葫芦可视丝瓜生长情况，采收到 5 月。

4. 木耳菜

（1）品种选择　一般用大叶木耳菜。

（2）播种　一般于 10 月上旬直播，播前种子用 40℃温水浸种 1～2 天，畦上按株行距 25 厘米×30 厘米开穴，每穴播 7～8 粒，10 天左右出齐苗，每穴保留 3～4 株。

（3）施肥　每 666.7 平方米施腐熟有机肥 1 500～2 000 千克。前期生长缓慢，不需追肥，当气温上升，生长加快，可 1 个月追 1 次肥，一般用复合肥 20 千克、尿素 5 千克，采用行间浇施，边施肥边用清水浇淋植株，防止肥液伤叶片。

（4）病虫害防治　病害主要有紫斑病、茎腐病。可用多硫悬浮剂防治紫斑病，可用恶霉灵防治茎腐病。

（5）采收　12 月上旬植株 5 叶 1 心时，即可少量采收。

（四）丝瓜春提早栽培技术

（1）品种选择　浙东南一带宜选用肉质厚、纤维少、耐低温的品种，如青顶白肚丝瓜。

（2）播种定植　与红茄、番茄、西葫芦套种的丝瓜宜在 10 月下旬至 11 月上旬播种，11 月下旬至 12 月上旬定植，苗龄约 30 天。与木耳菜套种的丝瓜可在 2 月上旬播种，3 月上旬定植。播种前先进行浸种催芽处理，每营养钵播 1 粒，苗期需加强温湿度管理。定植于越冬蔬菜中间预留畦中，双行种植，株距 40 厘米。

（3）植株调整　株高 35～40 厘米时即可引蔓上架。主蔓 1.7 米以下的侧蔓全部打掉。前期气温低，雄花少，花粉少，可用人工授粉或用生长激素进行点花保果，此前大棚田间管理以越冬蔬菜为主。当植株爬满生长架后，要及时摘除老叶、病叶、多余雄花、过密枝叶，使枝蔓分布均匀。5 月上旬揭裙膜的同时除去两端棚膜，换上防虫网，保持大棚通风，使丝瓜结果多且品质好。

（4）肥水管理　基肥一般与越冬蔬菜一致，丝瓜上架前不需另外追肥；开始采收后，视瓜的产量情况，隔 10 天左右追 1 次肥，结合施肥进行浇水。高温时可以在畦沟中间放水，以保持土壤湿度。

（5）病虫害防治　丝瓜的主要病害有白粉病、霜霉病、灰霉病，可以用翠贝防治白粉病，用百菌清、甲霜灵防治霜霉病，用速克灵防治灰霉病。主要虫害有蚜虫和蓟马，可用艾美乐、一遍净防治。

（6）采收　一般花后 10～12 天即可采收，前期气温低，生长缓慢，果实发育期稍长，花后 20 天左右可采收。到盛果期宜勤采收，每隔 1～2 天采收 1 次。

九、日光温室辣椒套种丝瓜

丝瓜通过直播套种于日光温室越冬辣椒的两畦沟间，即不影响辣椒的生长，同时又利用日光温室的棚架结构攀缘生长，充分利用日光温室的闲置期，实现高产增收。江苏省赣榆县赣马镇大高村采用辣椒套种丝瓜的种植模式，获得了显著的经济效益。

（一）品种选择

辣椒选用较耐低温弱光、坐果率高、极早熟的苏椒 5 号、博士王等。丝瓜选用适宜棚室栽培的台湾 806、长筒肉丝瓜等。

（二）播种育苗

辣椒 8 月中旬播种，4 片真叶时进行分苗，9 月底进行定植。丝瓜 11 月上旬直接播种在两垄畦沟中。辣椒种子用 60℃温开水浸种 15 分钟，边倒热水边搅拌，再放入 1 000 倍高锰酸钾溶液中浸泡半个小时，捞出种子进行冲洗，再移放到清水中浸泡 8～10 小时，沥干水备播；丝瓜种子处理时，将种子放在清水中浸泡 8～10 小时，沥干水备播。

（三）种植方式

辣椒定植前施足底肥，666.7 平方米施腐熟细碎优质有机肥 6 000 千克、碳酸氢铵 80 千克、三元复合肥 90 千克，深翻细耕后，做成 20 厘米高、70 厘米宽的南北向畦垄。畦垄中间纵开一条深 10 厘米、宽 20 厘米的水肥供应沟，两畦垄中间留 30 厘米宽的走道，在畦垄上覆盖地膜，在畦面上按 40 厘米行距、30 厘米株距定植。温室的中前部在畦垄间的走道上播种丝瓜，株距 100 厘米，每 666.7 平方米种植 300 株。

（四）田间主要管理措施

1. 温度　定植后，白天温度 25～30℃，夜温 15～18℃；缓苗后，白天 22～25℃，夜温 13～18℃。

2. 肥水　辣椒不耐干旱，土壤相对湿度以 50%～60% 为宜。生产中，应根据土壤墒情，及时补充水分，浇水时揭开畦面北端的地膜，向膜底灌水。施足基肥后，前期不用追肥。第一次追肥在辣椒采收后，随灌水每 666.7 平方米施尿素 10 千克，灌水采用膜下暗灌方式；第二次追肥，在第一次追肥 1 个月后进行，随灌水每 666.7 平方米施尿素 10 千克。

丝瓜喜湿，盛果期如遇干旱天气，应及时浇水；进入夏季后，需在早晚浇水，切忌中午浇水。丝瓜需肥量大，苗期施一次提苗肥，盛果期重施一次速效肥，每 666.7 平方米施尿素 5 千克。

3. 植株调整　随着春季气温升高，植株生长速度加快，由于日光温室中栽培的密度较高，易形成陡长和叶面积过大。因此，要及时疏剪过密的枝条或间拔部分植株，改善通风透光条件，提高光合效能。丝瓜主侧蔓都能结瓜，为了使植株多结瓜，一般不摘侧蔓，若侧蔓多，可选留 2～3 条健壮蔓，茎蔓上棚后，做好引蔓工作，使茎蔓分布均匀，任其生长。进入盛果期，及时摘除黄叶、老叶和畸形幼果，以集中养分，促进瓜条肥大。

4. 人工辅助授粉　日光温室栽培的丝瓜需要人工辅助授粉，每天上午 8～10 时，摘下雄花，剥去花冠，露出花柱，将花药涂抹在雌花的柱头上。

5. 病虫害防治　辣椒疫病可用阿米西达 1 500 倍液或 50％福帅得悬浮剂 2 000～2 500 倍液防治；病毒病可用 20％病毒 A 可湿性粉剂 500 倍液或 1.5％植病灵乳剂 1 000 倍液防治；灰霉病可用速克灵 600～800 倍液防治；霜霉病可用克霜氰 600～800 倍液防治；蔓枯病可用 50％多菌灵可湿性粉剂 800 倍液或 80％代森锌可湿性粉剂 800 倍液防治。蚜虫可用 10％吡虫啉可湿性粉剂 1 500～2 000 倍液防治，潜叶蝇可用 2.5％敌杀死乳剂 3 000 倍液或 1.8％阿维菌素 2 500 倍液防治。

6. 采收　辣椒的门椒应适当早收，以免坠秧，结果期采收应在果实已长到最大限度、果皮变厚时进行，最好在下午采收。丝瓜以果实内纤维尚未硬化、嫩瓜大小适中、果梗光滑、茸毛减少、手触果皮柔软而无光滑感时采收。

十、大棚韭菜套种丝瓜

近年来，南京市利用大棚韭菜栽培的夏秋空闲季节套种丝瓜或豇豆，既不影响夏秋季叶韭壮棵养根，又提高了保护设施的利用率，增加单位面积的经济效益，具有较高的推广价值，目前在南京市已大面积推广。

（一）茬口安排

3 月下旬穴播韭菜种子，4 月中下旬在两边棚管内侧 10 厘米处穴栽丝瓜，6～8 月收获。第二年 4～6 月少量收获韭菜，4 月中下旬在两边棚管内侧 10 厘米处定植丝瓜，6～8 月收获；11 月下旬清理韭墩，盖大棚膜进行韭菜冬春栽培。第三年 1 月上中旬收获韭菜，供应节日消费，一直可收获至 5 月底；3 月下旬在棚管内侧 15 厘米处定植丝瓜，5 月下旬至 8 月收获。从 11 月下旬开始，管理和茬口安排同上一轮，第六年 6 月挖除或更换韭根。

（二）韭菜栽培技术要点

1. 品种选择 选用宁蔬黄苗、791 和汉中冬韭等。

2. 播种及苗期管理 播前结合整地整畦，666.7 平方米施腐熟有机肥 3 000 千克、复合肥 150 千克作基肥。3 月下旬播种，666.7 平方米用种量 2～3 千克，直接穴播，穴距为 25 厘米×25 厘米；播后覆盖遮阳网，15～20 天出苗后及时撤除；2～3 片叶时追 1 次肥，666.7 平方米施尿素 10 千克；幼苗期土壤见干见湿。90 天即可长至约 15 厘米高。用沼液灌根或用二嗪磷颗粒剂防治韭蛆，用阿立卡、阿克泰、吡虫啉等防治蓟马。

3. 入棚前管理 株高 20 厘米左右时进入成株生长期，夏秋季不收割以壮棵养根，为冬春丰产打下基础。8 月下旬至 10 月中旬是肥水管理关键季节，8 月中旬追 1 次肥，666.7 平方米施尿素 30 千克，施后浇透水，每隔 5～6 天浇 1 次，连续 3～4 次；9 月中旬进行第 2 次追肥，666.7 平方米施复合肥 30 千克，施后连浇 2 遍水。以细孔橡皮喷灌管喷灌为佳，畦面见干见湿，及时除去畦面和韭墩中的杂草，若有韭薹要及时采摘，减少养分消耗，促进养根。第二年 4～6 月大棚露地栽培时，为壮棵养根，

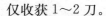

仅收获 1～2 刀。

4. 入棚后管理　第二年 11 月下旬，严霜过后，韭菜地上部分基本受冻枯死，清理韭畦，轻锄韭墩周围，将根部以上的表土扒走，晾晒 2～3 天，666.7 平方米施尿素 20 千克、复合肥 30 千克，浇 1 次透水，然后盖大棚膜，其后棚内温度若超过 30℃时，及时通风降温；新发韭苗 10～15 厘米高时，若土层干旱应补 1 次水。1 月上中旬收割第 1 刀，以后每隔 20 天左右收割 1 次；收割后 5 天左右，叶韭长出 3～5 厘米高时，补肥喷水 1 次，666.7 平方米施尿素 15 千克；要分棚采收，确保春节前一周和元宵节前有青韭供应市场。2 月下旬后，注意通风降温，温度白天保持在 32℃以内。5 月上旬揭膜后韭菜转入露地生长，可收割 1～2 刀供应市场；一般第 3～4 年为高产期，第 4 年后产量下降，第 6 年夏季即可更新淘汰。

病虫害防治同常规。

（三）丝瓜栽培技术要点

1. 品种选择　选择熟性早、结瓜性好、抗性强的品种，如新翠玉、江蔬一号等。

2. 播种育苗及移栽定植　根据套种定植时间，提前浸种、催芽，露白后用 72 穴穴盘基质育苗，3 月下旬定植的，可在大棚＋小棚内育苗；4 月中下旬定植的，可用大棚育苗；5 月上中旬定植的，可小棚育苗。3～4 叶时即可移栽，移栽前通风炼苗，定植时在瓜穴中点施复合肥并与土混匀，666.7 平方米施肥 30 千克。

3. 植后管理　定植后棚内温度白天保持在 28～30℃，夜间 14～16℃，夜间温度稳定在 16℃以上时撤除大棚裙膜，5 月上旬揭膜。蔓长 40 厘米时引蔓、绑蔓、上架，生长前期去除侧蔓。第 1 雌花坐果后，在距丝瓜根部 20 厘米处，穴施追肥，666.7 平方米施尿素 20 千克、复合肥 20 千克。采收第 1 批果后，

666.7 平方米追施尿素 15 千克。

病虫害防治同常规。

十一、春西瓜套油豆十夏秋辣椒套丝瓜十冬茼蒿多次套作

山东省青州市何官镇菜农合理调整拱棚种植的蔬菜茬口，春茬西瓜套上油豆，夏秋辣椒套种一茬丝瓜，越冬茬种茼蒿。一年下来，拱棚能产出两瓜三菜，收入明显增加。

（一）春西瓜套油豆

早春茬拱棚西瓜在 2 月份定植，第一茬 4 月底至 5 月初采收完毕。3 月上旬，当西瓜蔓长至 1 米左右时，将油豆直播于西瓜行间，每个行间套一行油豆，株距为 90 厘米，每穴播种 5 粒。

西瓜定植前施足基肥，基肥以充分腐熟的有机肥为主，666.7 平方米可施用鸡粪 7～9 立方米，同时配合三元素复合肥 75～100 千克、中微量元素适量。前期温度较低，要充分利用好"四膜一苫"，管理上以保温为主。

油豆苗期一般不浇水，若土壤过干，可于开花前浇一小水。待大部分油豆植株挂小荚时开始浇水，666.7 平方米追速效复合肥 10 千克。结荚期保持地皮见湿见干，视天气情况，一般 5～6 天浇一次水，宜在每次采收后浇水，一次清水一次肥，每次追复合肥 10～15 千克，也可喷洒磷酸二氢钾或其他叶面肥补充营养。

（二）夏秋辣椒套丝瓜

辣椒 6 月中旬育苗，7 月中旬定植，元旦前后拉秧。定植时尖椒的大行距为 80 厘米，小行距为 60 厘米，株距为 30 厘米；

丝瓜适当稀植，以免影响尖椒生长，一般每隔两行尖椒套种一行丝瓜，株距为50～60厘米。

辣椒定植后浇足水，一直到尖椒结果前这段时间不宜再浇水，尖椒坐果后可进行第一次浇水施肥，一般每次以冲施复合肥15～20千克为宜，以后每隔15天冲肥一次。平时还应注意叶面肥的施用，可配合常规药剂保护，用爱多收和云大120叶面喷洒。因丝瓜套种在尖椒行间，丝瓜一般不需要再单独施肥。

尖椒宜采用四主干整枝，在长至40厘米高时要及时吊枝，平时还应注意勤打老叶，以增加植株间的通风透光，以促进尖椒和丝瓜正常生长。丝瓜在蔓长30厘米时要及时引蔓上架，在管理中应注意去除侧蔓，只留一根主蔓生长，坐瓜后打头。

（三）冬茼蒿

一般情况下，进入12月份后，大部分拱棚蔬菜开始拔园，至来年2月份为空棚期。为提高拱棚利用率，可于这段时间生产一茬茼蒿。在辣椒拔园后，及时清理田园，播种茼蒿，播种前10天扣棚增温。茼蒿播种方法可采用撒播或条播。撒播时，666.7平方米用种量4～5千克，为了增加产量，提高质量，用种量可加大到6～7千克；条播时，则按行距约10厘米播种，666.7平方米用种量约2.5～3千克，茼蒿50天即可收获。

茼蒿生长期间，随水追1～2次速效氮肥，株高达20厘米左右时，开始收割，收割不宜太晚，以免影响品质。割完第1刀后，再浇水、追肥，促进侧枝发生，20～30天后再收获。

这个模式的好处在于，春秋两茬套种的油豆和丝瓜不仅能够直接增加拱棚效益，而且不妨碍西瓜和辣椒的正常生长。春茬西瓜生长后期，温度高、光照强，易造成西瓜裂瓜，而种植上油豆后，可利用油豆的高度为西瓜遮阴，解决了西瓜后期的裂果问题，安排非常合理。

第七节 丝瓜病虫害防治

一、缺素症

（一）缺氮症

症状：植株生长受阻，果实发育不良。新叶小，呈浅黄绿色，老叶黄化，果实短小，呈淡绿色。

发生原因：土壤本身含氮量低；种植前施大量未腐熟的作物秸秆或有机肥，碳素多，其分解时夺取土壤中的氮；产量高，收获量大，从土壤中吸收氮多而追肥不及时。

防治方法：施用新鲜的有机物作基肥时要增施氮素；施用完全腐熟的堆肥。

应急措施：叶面喷施 0.2%～0.5%尿素液。

（二）缺磷症

症状：植株矮化，叶小而硬，叶暗绿色，叶片的叶脉间出现褐色区。尤其是底部老叶表现更明显，叶脉间初期缺磷出现大块黄色水渍状斑，并变为褐色干枯。

发生原因：一是施肥量不足。有机肥、磷肥用量少时，易发生缺磷症；二是地温影响磷的吸收。温度低，磷的吸收就少，日光温室等保护地冬春或早春易发生缺磷。

防治方法：丝瓜对磷敏感。土壤缺磷时，除了施用磷肥外，预先要培肥土壤；苗期特别需要磷，注意增施磷肥；施用足够的堆肥等有机质肥料。

应急措施：可喷 0.2%的磷酸二氢钾或 0.5%的过磷酸钙水溶液。

（三）缺钾症

症状：老叶叶缘黄化，后转为棕色干枯，植株矮化，节间变短，叶小，后期叶脉间和叶缘失绿，逐渐扩展到叶的中心，并发展到整个植株。

发生原因：土壤中含钾量低，施用堆肥等有机质肥料和钾肥不足，易出现缺钾症；地温低，日照不足，过湿，施氮肥过多而阻碍对钾的吸收。

防治对策：施用足够的钾肥，特别是在生育的中、后期不能缺钾；施用充足的堆肥等有机质肥料。

应急措施：可用硫酸钾每 666.7 平方米平均 3～4.5 千克，一次追施，或叶面喷 0.3%磷酸二氢钾或 1%草木灰浸出液。

（四）缺钙症

症状：上部幼叶边缘失绿，镶金边，最小的叶停止生长，叶边有深的缺刻，向上卷，生长点死亡，植株矮小，节短，植株从上向下死亡。

发生原因：氮多、钾多、土壤干燥都会阻碍对钙的吸收；空气湿度小，蒸发快，补水不足时易产生缺钙；土壤本身缺钙。

防治方法：土壤钙不足，可施用含钙肥料；避免一次用大量钾肥和氮肥；要适时浇水，保证水分充足。

应急措施：用 0.3%的氯化钙水溶液喷洒叶面。

（五）缺镁症

症状：叶片出现叶脉间黄化，并逐渐遍及整个叶片，主茎叶片叶脉间变成淡褐色或白色，侧枝叶片叶脉间变黄，并可能迅速变成淡褐色。

发生原因：土壤本身含镁量低；钾、氮肥用量过多，阻碍了对镁的吸收，尤其是日光温室栽培更明显；收获量大，而没有施用足够量的镁肥。

防治对策：土壤诊断若缺镁，在栽培前要施用足够的含镁肥料；避免一次施用过量的钾、氮等肥料。

应急对策：用1%～2%硫酸镁水溶液喷洒叶面。

（六）缺锌症

症状：叶片小，老叶片主脉仍呈深绿色，其余变为黄绿或黄色，叶缘最后呈淡褐色；嫩叶生长不正常，芽呈丛生状。

发生原因：光照过强易发生缺锌；若吸收磷过多，植株易表现缺锌症状；土壤pH高，即使土壤中有足够的锌，但因其不溶解，也不能被吸收利用。

防治对策：不要过量施用磷肥；缺锌时可以施用硫酸锌，每666.7平方米用1.5千克。

应急对策：用硫酸锌0.1%～0.2%水溶液喷洒叶面。

（七）缺硼症

症状：缺硼使叶片变得非常脆弱，生长点及未展开的幼叶卷曲坏死；上部叶向外侧卷曲，叶缘部分变褐色；当仔细观察上部叶叶脉时，有萎缩现象；果实出现纵向木栓化条纹。

发生原因：在酸性的沙壤土上，一次施用过量的碱性肥料，易发生缺硼症状；土壤干燥影响对硼的吸收，易发生缺硼；土壤有机肥施用量少，在pH高的田块也易发生缺硼；施用过多的钾肥，影响对硼的吸收，易发生缺硼。

防治对策：土壤缺硼，可预先增施硼肥；要适时浇水，防止土壤干燥；多施腐熟的有机肥，提高土壤肥力。

应急对策：用0.12%～0.25%的硼砂或硼酸水溶液喷洒叶面。

（八）缺铁症

症状：幼叶呈浅黄色并变小，严重时白化，芽生长停止，叶

缘坏死完全失绿。

发生原因：磷肥施用过量，碱性土壤，土壤中铜、锰过量，土壤过干、过湿、温度低。

防治对策：尽量少用碱性肥料，防止土壤呈碱性，调节土壤 pH 在 6～6.5 左右；注意土壤水分管理，防止土壤过干、过湿。

应急对策：用硫酸亚铁 0.1%～0.5%水溶液或柠檬酸铁 100 毫克/千克水溶液喷洒叶面。

二、温室丝瓜常见生理病害

（一）氮过剩症

症状：植株呈暗绿色，叶片特别丰满、茂盛，根系发育不良，开花晚。

发病原因：施用铵态氮肥过多，特别是遇到低温或把铵态氮肥施入到消毒的土壤中，由于硝化细菌或亚硝化细菌的活动受抑制，铵在土壤中积累的时间过长，引起铵态氮过剩；易分解的有机肥施用量过大。

防治对策：避免氮素过剩，首先应实行测土配方施肥，根据土壤养分含量和丝瓜需要，对氮磷钾和其他微量元素实行合理搭配，科学施用，尤其不可盲目施用氮肥。在土壤有机质含量达到 2.5%以上的土壤中，避免一次性超量施用腐熟鸡粪，一般 666.7 平方米施用腐熟鸡粪不超过 5 000 千克。第二，在土壤养分含量较高时，提倡以施用腐熟的农家肥为主，配合施用氮素化肥。第三，如发现作物缺钾、缺镁症状，应首先分析原因，若因氮素过剩引起缺素症，应以解决氮过剩为主，配合施用所缺肥料。第四，如发现氮素过剩，在地温高时可加大灌水缓解，喷施适量助壮素，延长光照时间，同时注意防治蚜虫、霜霉病等病虫害。

（二）裂果

发病原因：与品种有关，有些品种皮薄，易裂果；与栽培环境有关，在丝瓜生长发育过程中，遇到干旱，果实发育受阻，当遇到浇水，土壤水分急增，果实发育迅速彭大，某些薄皮品种很容易发生裂果现象。

防治对策：选择不易裂果的品种，合理肥水，防止土壤水分剧变。

（三）尖头果

症状：丝瓜果实上半部正常，近花部细小。

发病原因：可能是蘸花过程中激素（2,4‐D 或防落素）使用不均匀，而影响果实的正常生长发育。

防治对策：如果雄花量足够，应采用人工授粉，花对花授粉，1 朵雄花对 2～3 朵雌花。丝瓜安全生产中不提倡使用 2,4‐D，尽量采用花对花授粉。

三、主要病虫害及其防治

丝瓜苗期主要病害有猝倒病、灰霉病；抽蔓后主要病害有病毒病、霜霉病、灰霉病、枯萎病、细菌性角斑病。苗期虫害主要有蚜虫、地老虎、潜叶蝇等；抽蔓后主要虫害有潜叶蝇、地老虎、白粉虱、瓜实蝇、棉铃虫、螨虫等。

（一）防治原则

按照"预防为主、综合防治"的植保方针，坚持以"农业防治、物理防治、生物防治为主，化学防治为辅"的无害化控制原则。

（二）防治措施

1. 农业防治　针对主要病虫害控制对象，选用高抗多抗的品种；实行严格的轮作制度，与非瓜类作物轮作3年以上，有条件的地区实行水旱轮作；深沟高畦，覆盖地膜；培育壮苗，提高抗逆性；根据土壤肥力，平衡施肥，增施充分腐熟的有机肥，合理施化肥；清洁田园，降低病虫基数。

2. 物理防治　覆盖银灰色地膜可驱避蚜虫；频振式杀虫灯诱杀害虫；温汤浸种杀死病菌。

3. 生物防治

（1）天敌　积极保护和利用天敌，防治病虫害。

（2）生物药剂　多采用植物源农药如藜芦碱、苦参碱、印楝素等和生物源农药如农用链霉素、新植霉素、BT粉、阿维菌素等防治病虫害。

4. 主要病害药剂防治　严格控制农药用量和安全间隔期，主要病虫害防治的选药用药技术见表5。

5. 不允许使用的高剧毒高残留农药　生产上严禁使用杀虫脒、氰化物、磷化铅、六六六、滴滴涕、氯丹、甲胺磷、甲拌磷（3911）、对硫磷（1605）、内吸磷、甲基对硫磷（甲基1605）、苏化203、杀螟磷、磷胺、异丙磷、三硫磷、氧化乐果、磷化锌、克百威、水胺硫磷、久效磷、三氯杀螨醇、涕灭威、灭多威、氟乙酰胺、有机汞制剂、砷制剂、西力生、赛力散、溃疡净、五氯酚钠及其他高剧毒、高残留农药。

表5　丝瓜用药方案

主要防治对象	农药名称	使用方法	安全间隔期（天）
猝倒病	72.2%普力克水剂	1 500～2 000 倍喷雾	7
	64%恶霉灵＋50%代森锰锌	500 倍喷雾	3
	72.2%霜霉威水剂	800 倍喷雾	5

（续）

主要防治对象	农药名称	使用方法	安全间隔期（天）
灰霉病	50%速克灵粉剂	1 500 倍喷雾	7～10
	2%武夷菌素水剂	100 倍喷雾	2
	1：1：200 波尔多液	—	
霜霉病	克露粉剂	2 000～3 000 倍喷雾	7～10
	氟吗·锰锌粉剂	2 000～3 000 倍喷雾	7～10
	安克锰锌粉剂	2 000～3 000 倍喷雾	7～10
	50%乙磷铝锰锌粉剂	500 倍喷雾	5
枯萎病	50%枯萎立克＋多菌灵粉剂	500～600 倍喷雾	5
	50%抗枯灵粉剂	600～800 倍喷雾	5
	72 敌克松粉剂	2 000～3 000 倍喷雾	7
细菌性角斑病	72%农用链素粉	4 000 倍喷雾	5
	72%新植霉素粉剂	4 000 倍喷雾	5
	1：1：200 波尔多液	—	
蚜虫、白粉虱	5%吡虫啉水剂	1 000～1 500 倍喷雾	7
	巴丹（10%吡虫啉）水剂	2 000～3 000 倍喷雾	7
	蓟蚜清（5%吡虫啉）粉剂	600 倍喷雾	5
螨虫、潜叶蝇	1%阿维菌素水剂	2 000～3 000 倍喷雾	7
	0.8%神剑水剂	1 500～2 000 倍喷雾	7
瓜实蝇、棉铃虫	抑太保水剂	1 500～2 000 倍喷雾	7
	乐斯本水剂	800～1 000 倍喷雾	5
	2.5%溴氰菊酯乳油	2 000～3 000 倍喷雾	7～10
地老虎	50%辛硫磷乳油	2 000～3 000 倍喷雾	7～10
	90%敌百虫乳油	800～1 000 倍喷雾	7

（三）防治技术

1. 苗期猝倒病　　主要发生在幼苗长出 1～2 片真叶，抗病能力较弱时期。先在茎基部出现水浸状斑块，很快病部变为黄褐色，干瘪后收缩成线状，往往子叶尚未凋萎，幼苗即突然猝倒。湿度大时，在病株附近长出白色棉絮状菌丝。3～4 片真叶后，茎部逐渐木质化，该病明显减少。猝倒病为土传病害，病菌通过灌溉水或雨水溅射到幼苗茎基部致病。育苗期温度 20℃左右及高湿条件，利于发病。

防治方法：①床土消毒。床土应选用无病新土，若使用菜园土，应进行苗床土壤消毒，每平方米苗床用 50％拌种双粉剂 7克，或 40％五氯硝基苯粉剂 9 克，或 25％甲霜灵可湿性粉剂 9克加 70％代森锰锌可湿性粉剂 1 克，或 50％多菌灵可湿性粉剂20～30 克兑细土 4～5 千克拌匀制成药土，施药前先灌足苗床底水，湿润深度 20 厘米左右，取 1/3 拌匀的药土撒在畦面上，播种后再将其余的 2/3 药土盖在种子上面，使种子夹在药土中间；也可用 95％绿亨 1 号 3 000 倍液喷施苗床。②种子处理。选用无病的种子；用 55 度温水浸种 15 分钟后冷却或用 10％磷酸三钠浸 10 分钟捞出后用清水洗三遍，以对种子消毒；按每千克种子用适乐时 4～6 毫升进行拌种，阴干后播种。③选择地势高、排水良好的地块做苗床，播种前施足底水，出苗后尽量不浇水，发生干旱必须浇水时也不宜大水漫灌。④加强苗床管理，及时通风降低湿度，防止瓜苗徒长，培育壮苗。

2. 病毒病

（1）症状、病原和传播途径　　丝瓜病毒病在上部幼嫩叶片染病时，嫩叶呈浅绿色与深绿色相间的小环斑，叶片皱缩；在下部老叶染病时呈黄色环斑或黄绿相间花叶，叶脉皱缩，致使叶片歪扭和畸形。发病严重的叶片变硬，发脆，叶缘缺刻加深，后期产生枯死斑，黄色病叶从下逐渐往上发展。果实染病，幼瓜上小下大，呈旋状畸形，或细小扭曲，瓜上产生褪绿色斑。

丝瓜病毒病由多种病原引起，以黄瓜花叶病毒（CMV）为主，该病毒颗粒球状，直径 28～30 纳米，不耐干燥。据报道，还有甜瓜花叶病毒（MMV）、烟草环斑病毒（TRSV）等 5 种。

丝瓜病毒病靠蚜虫传播，也可通过农事活动和汁液接触传播蔓延。有的病毒如 MMV 可通过带毒种子传播，TRSV 除通过接触传毒外，还可经线虫传播。

（2）流行原因　品种之间病情有明显的差异，早熟丝瓜品种发病重。蚜虫盛发年份，丝瓜病毒病发生重；砂质壤土田因有线虫传毒，病毒病比在黏土田种的丝瓜严重。冬季气温偏高，蚜虫越冬后基数较大，迁入瓜苗为害较早而多，丝瓜病毒病提早发生；春季平均气温偏高，适合于病毒病发展，病毒病流行快。苗期上架之前，过量偏施氮素化肥的丝瓜田，发病程度比多施农家肥的丝瓜田严重。不少菜农为了丝瓜早上市，忽视了合理施肥，助长了病害的大流行，造成损失。

（3）综合控制技术

①播种前丝瓜种子用 0.5％肥皂水或 0.1％磷酸二氢钠溶液浸泡 24 小时，可防止种子带毒传病；从育苗开始就要注意及时防治蚜虫和线虫，防止媒介传毒蔓延。

②合理施肥。多施农家肥，不偏施氮肥，以免瓜苗贪青感病。有条件的地方每 666.7 平方米用草木灰 30～40 千克于露水未干前叶面撒施，可使病毒失毒。

③选择土质较黏重的田块栽种丝瓜，避免线虫传毒染病，可以减轻病毒病发生。

④不与黄瓜、甜瓜混种，也不要在去年或前年曾经种过这些瓜类的田块再种丝瓜，以免互相传毒或由线虫传毒。

⑤发病初期开始，用 20％吗啉胍·乙铜可湿性粉剂（毒克星）600 倍液，或 5％菌毒清水剂 500 倍液，或 20％菌毒清·霜霉威水剂 800 倍液喷雾，每隔 7 天喷 1 次，连续喷药 3 次以上，

喷药后如遇雨，要抢晴补喷，可以控制病情。

3. 丝瓜绵腐病 苗期感病可在子叶未凋萎之前引起猝倒病。主要在坐果期发病，初期呈水渍状斑点，扩展后变为黄色或褐色水浸状大病斑，与健部分界明显，后半个或整个果实腐烂，并在病部外围长出一层茂密的白色棉絮状菌丝体。瓜条感病始于脐部或从伤口侵入，引起全瓜腐烂。丝瓜生长期长，绵腐病发生重，长江流域及其以南地区尤为普遍。病菌主要来源于土壤中，通过雨水溅射到靠近地面的瓜条上致病。结瓜期阴雨连绵、湿气滞留易发病。

防治方法：①育苗期要注意防治幼苗猝倒病；②定植时采用高畦栽培，铺地膜，开沟排水，搭架要高些，避免瓜条与地面接触，棚室栽培的要注意通风降湿；③发病初期喷药防治，药剂同疫病。

4. 丝瓜疫病

（1）发病条件 主要危害膨大期果实，茎蔓或叶片也可以受害。果实发病，先在近地面的果面上出现水渍状暗绿色圆形斑，很快扩展呈暗褐色凹陷斑，并沿病斑周围作水渍状浸延、湿度大时病部表面生出许多灰白色霉状物，病斑迅速扩展，使病瓜很快软化腐烂。茎蔓染病初呈水渍状，后扩展呈暗绿色，茎蔓整段软化湿腐。叶片染病，呈黄褐色近圆形或不规则形病斑，潮湿时病斑上生出稀疏白霉，使叶片腐烂。

（2）发病规律 丝瓜疫病为一种真菌性病害。病菌随病残体在土壤中越冬，也可在种子上存活越冬，借风雨及灌溉水传播。适宜发病的温度为 $27 \sim 31$℃。在适温范围内，若遇连阴雨或灌水过多，此病易流行危害。一般在植株结瓜初期发生，果实膨大期为发病高峰期。高温多雨，病害传播蔓延快，危害严重；土壤黏重，地势低洼，重茬地发病重。

（3）防治方法

①做好播前种子处理。用55℃温水浸种 15～20 分钟后移入

凉水中降温，晾干后播种；也可用 25%甲霜灵可湿性粉剂或 72.20%普力克水剂 800 倍液浸种 30 分钟后，用清水冲洗干净，晾干后播种。

②轮作倒茬。与非瓜类作物实行 3～4 年以上的轮作，避免连作。

③加强栽培管理。选择排水良好的田块，采用高垄覆膜栽培，施用充分腐熟的农家肥，增施磷、钾肥；及时中耕、整枝，摘除田间病叶、病果，并集中深埋。

④及时喷药防治。必须掌握在田间病害始发期喷药封锁控制，常用药剂有：53%金雷多米尔 500～600 倍液，75%百菌清可湿性粉剂 500～600 倍液，50%甲霜灵锰锌 500 倍液，70%乙膦·锰锌可湿性粉剂 500 倍液，64%杀毒矾可湿性粉剂 500 倍液，72.2%普力克水剂 800 倍液，隔 7～10 天喷 1 次，连喷 3～4 次，也可用上述杀菌剂药液灌根，每株灌药液 0.20～0.30 千克，将喷雾与灌根同时进行，防效更明显。

5. 丝瓜霜霉病

（1）症状　主要危害叶片。叶面病斑多角形，黄色至黄褐色，严重时角斑密布并相互连合为斑块，致叶片变黄，终致干枯，使病株的采瓜期大为缩短，产量明显降低。潮湿时叶背斑面长出黄灰色至紫黑色稀疏霉层，此即为本病病征（病菌孢囊梗及孢子囊）。

（2）病原　丝瓜霜霉病病原为古巴假霜霉菌 [*Pseudoperonospora cubensis* (Berk. et Curt.) Roslov.]，与黄瓜霜霉病的病菌相同，发病特点亦相同。

（3）防治方法　防治丝瓜霜霉病要选用抗病优良品种，用营养钵集中育好壮苗，施足基肥，排水良好，注意引蔓整枝，保证株间通风透气，更重要的是对症下药、喷药要及时。在发病前，选用保护性药剂，如 75%达可宁 600～800 倍液、百菌清或百可宁（40%悬浮剂）500～700 倍液等；发病初期，应喷洒治疗

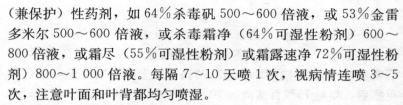

（兼保护）性药剂，如 64％杀毒矾 500～600 倍液，或 53％金雷多米尔 500～600 倍液，或杀毒霜净（64％可湿性粉剂）600～800 倍液，或霜尽（55％可湿性粉剂）或霜露速净72％可湿性粉剂）800～1 000 倍液。每隔 7～10 天喷 1 次，视病情连喷 3～5 次，注意叶面和叶背都均匀喷湿。

6. 丝瓜轮纹斑病

（1）症状　主要为害叶片，病部初呈水渍状褐色斑，边缘呈波纹状，若干个波纹形成同心轮纹状，病斑四周褪绿或出现黄色区，湿度大时表面现污灰色菌丝，后变为橄榄色，有时病斑上可见黑色小粒点，即病菌分生孢子器。过去该病菌主要侵染柑橘、苹果、梨、三叶胶、茶等植物引起果腐和枝枯，近年来发现该病菌还可侵染丝瓜，引发轮纹斑病。

（2）传播途径和发病条件　病菌以菌丝体和分生孢子器在病残体上越冬。翌年条件适宜时，分生孢子器内释放出分生孢子，通过风雨在田间传播蔓延。在南方柑橘种植区，病菌可从柑橘园传播到菜田，孢子萌发后从叶片侵入。气温 27～29℃、湿度大或干湿与冷热变化大时易发病。

（3）防治方法　①选用耐湿抗病品种。②选择高燥地块种植，施用日本酵素菌沤制的堆肥，加强田间管理，提高抗病力。③注意及时防治守瓜类、蝽象类害虫，防止从伤口侵入。④雨后及时排水，防止湿气滞留。⑤发病初期，喷洒 30％碱式硫酸铜胶悬剂 300 倍液，或 36％甲基硫菌灵悬浮剂 500 倍液加 75％百菌清可湿性粉剂 1 000 倍液，或 50％苯菌灵可湿性粉剂 1 500 倍液，每 666.7 平方米喷药液 60～70 升，隔 7～10 天 1 次，连续防治 2～3 次。采收前 7 天停止用药。

7. 丝瓜炭疽病　主要危害叶片。病斑多从叶缘开始，半圆形至圆形，褐色至灰褐色，斑面轮纹明显或不明显，后期斑面出现小黑点。病斑易破裂，或部分脱落造成叶片穿孔。严重发病时叶片病斑相互连合成斑块，叶片绿色面积大减，植株生势渐衰，早落架，产量降低。

一般结合其他病害进行综合防治。①拌种。用75％百菌清＋70％托布津＋25％甲霜灵等量混剂，药量为种子重量0.2％，拌后密封24小时再播种。②适时喷药。从上架封行开始，最迟于见病后，喷施75％百菌清加70％托布津1 000～1 500倍液，或69％安克锰锌加75％百菌清1 000～1 500倍液，或40％三唑酮多菌灵1 000～1 500倍液，隔10天左右1次，喷施2～3次，交替用药，喷匀喷足。上述各药，如加入25％甲霜灵或64％杀毒矾还可兼治霜霉病。

8. 丝瓜根结钱虫病

（1）症状　丝瓜被根结线虫为害后，植株地上部生长缓慢，影响生长发育，致植株发黄矮小。气候干燥或中午前后地上部打蔫，拔出病株，可见根部产生大小不等的瘤状物或根结；剖开根结可见其内生有许多白色细小的梨状雌虫，即根结线虫。

（2）传播途径和发病条件　该虫多在土壤5～30厘米处生存，常以卵或2龄幼虫随病残体遗留在土壤中越冬，病土、病苗及灌溉水是主要传播途径。一般可存活1～3年，翌春条件适宜时，由埋藏在寄主根内的雌虫，产出单细胞的卵，卵产下经几小时形成一龄幼虫，蜕皮后孵出二龄幼虫，离开卵块的二龄幼虫在土壤中移动寻找根尖，由根冠上方侵入定居在生长锥内，其分泌物刺激导管细胞膨胀，使根形成巨型细胞或虫瘿，或称根结。在生长季节根结线虫的几个世代以对数增殖，发育到4龄时交尾产卵；卵在根结里孵化发育，2龄后离开卵块，进入土中进行再侵染或越冬。在温室或塑料棚中单一种植几年后，导致寄主植物抗性衰退时，根结线虫可逐步成为优势种。南方根结线虫生存最适温度25～30℃，高于40℃，低于5℃都很少活动，55℃经10分钟致死。田间土壤湿度是影响孵化和繁殖的重要条件。土壤湿度适合蔬菜生长，也适于根结线虫活动，雨季有利于孵化和侵染，但在干燥或过湿土壤中，其活动受到抑制，其为害砂土常较黏土重，适宜土壤 pH4～8。

（3）**防治方法** ①保护地前茬收获后，及时清除病残体，集中烧毁，深翻 50 厘米，起高垄 30 厘米，沟内淹水，覆盖地膜，密闭棚室 15～20 天，经夏季高温和水淹，防效 90％以上。②棚室用液氨熏蒸，每 666.7 平方米用液氨 30～60 千克，于播种或定植前，用机械施入土中，经 6～7 天后深翻，并通风，把氨气放出，2～3 天后再播种或定植。③轮作。发病重的棚室应与葱、蒜、韭菜、水生蔬菜或禾本科作物等进行 2～3 年轮作。④必要时，每 666.7 平方米施用 3％米乐尔颗粒剂 1.5～2.0 千克或滴滴混剂 40 千克，于定植前 15 天，撒施在开好的沟里，覆土、压实，定植前 2～3 天开沟放气，防止产生药害。也可用 95％棉隆，666.7 平方米用量 3～5 千克。但要注意防止药害和毒害。

9. 瓜绢螟 该虫容易识别，成虫翅膀白色透明，外缘呈黑色宽带，尾部具有黄褐色毛丛，白天可在花间吸食花蜜。低龄幼虫在叶背啃食叶肉，使叶片正面呈灰白斑；3 龄后吐丝将叶或嫩梢缀合，躲在里面取食，将叶片吃成穿孔或缺刻，严重仅留叶脉。幼虫还常蛀入花蕊和幼瓜，啃食柱头和瓜肉，影响产量和品质。

防治方法：①收获后结合积肥，集中烧毁枯藤落叶，减少虫源；②幼虫发生初期，及时摘除被害的卷叶，消灭部分幼虫；③幼虫盛发期，可对低龄幼虫进行药剂防治，药剂有 10％氯氰菊酯 1 500 倍液、2.5％功夫 3 000 倍液或 20％速杀脒 1 500 倍液喷雾防治。

10. 瓜蚜 瓜蚜可分为有翅蚜和无翅蚜，有翅蚜的出现是其迁飞扩散为害的征兆。瓜蚜的成虫和幼虫多群集在叶背、嫩茎和嫩梢刺吸汁液，引起叶片卷缩，生长点枯死，严重时，尤其在瓜苗期，植株整株枯死，成长叶受害，干枯死亡，提前脱落。瓜蚜为害还可引起煤烟病，降低植株的光合作用，并且作为病毒病传播的介体，造成的危害远大于其本身刺吸汁液的为害。

防治方法：①及时清除田边杂草，减少虫源基数；②在有翅蚜迁飞高峰期用黄色板（上面涂机油）诱杀蚜虫；③药剂防治，可用阿立卡3 000～6 000倍液，或阿克泰1 500～2 500倍液，或50%避蚜雾3 000倍液，或1%蚜克500倍液，或2.5%铁沙掌1 500倍液，或21%绿杀1 500倍液或吡虫啉等喷雾防治，重点喷洒叶背及嫩梢。

11. 美洲斑潜蝇　成虫及幼虫均可为害，成虫刺吸叶片汁液并产卵其中。卵孵化后，幼虫在叶片内潜食叶肉，形成弯曲的白色虫道，影响植株正常生长。严重时，可导致大量落叶、落花，植株早衰。

防治方法：①清洁田园，将杂草及枯枝落叶带出田外烧毁；②深翻或进行水旱轮作，杀死地表虫蛹；③田间发生零星受害叶片时，及时摘除，集中处理，切忌乱扔；④药剂防治。在虫道长度2厘米以下进行为宜，药剂有0.25%胜邦1 500倍液、1.0%阿维虫清1 500倍液、1%灭虫灵2 000倍液、48%乐斯本1 000倍液等。注意轮换交替使用，以减缓该虫抗药性的产生。

此外，在丝瓜生长过程中，还会零星发生枯萎病、白粉病、炭疽病等病害；夏季久旱无雨，红蜘蛛易发生；葫芦夜蛾有时也会间歇为害，可根据发生情况，注意及时防治，以免造成严重损失，防治适期在点片发生阶段。

第四章
西葫芦安全生产技术

西葫芦为一年生草本植物，果实（嫩瓜）含有丰富的维生素C等多种营养物质，质嫩味鲜，多以嫩瓜炒食或作馅，老熟瓜则含有丰富的维生素A和糖及淀粉，种子可加工成干香食品。西葫芦原产北美洲南部，19世纪中叶传入我国并开始栽培，现世界各地均有分布，以欧、美最为普遍；在我国广东省广州地区已有40多年的栽培历史。西葫芦品质优，风味佳，在西方国家很受欢迎，在我国港澳市场也畅销，在我国内地也深受消费者喜爱，对调节3～5月瓜类蔬菜淡季有重要意义。近30年来，在全国各地已逐渐推广，特别是在珠江三角洲以至广东全省栽培面积迅速扩大。现在采用冬暖式大棚及嫁接技术，西葫芦已成为冬季保护地栽培的主要蔬菜之一。

第一节　西葫芦的生物学特性

一、植物学特征

（一）根系

西葫芦根系发达，主要根群深度为10～30厘米，侧根主要以水平生长为主，分布范围为120～210厘米，吸水吸肥能力较强，耐干旱、耐贫瘠，对土壤条件要求不严格，即使种植在旱地或贫瘠的土壤中，也能正常生长，获得高产。但是根系再生能力弱，育苗移栽需要进行根系保护。

（二）茎

西葫芦茎中空，五棱形，质地硬，生有刺毛和白色茸毛。根据茎节长短不同，可分为蔓生、半蔓生和矮生三种。

蔓生品种节间长，蔓长可达 1～4 米，主蔓在第 10 节以后开始出现雌花，耐寒力较弱，耐热性较强，较晚熟，主要品种有长西葫芦。

半蔓生品种蔓长 0.5～1.0 米，主蔓第 8～10 节着生第一雌花，中熟。该类型品种大部分为一些地方品种，如山西临沂的花皮西葫芦、山西省农业科学院蔬菜研究所最新育成的半蔓生裸仁西葫芦等。目前，这类型西葫芦的栽培不多见，但随着西葫芦引蔓上架栽培技术的不断改进，半蔓生西葫芦类型在温室种植的比例会增大。

矮生品种节间短，蔓长 30～50 厘米，第一雌花着生于第3～8 节，以后每节或隔 1～2 节出现雌花，早熟。矮生品种虽然分枝性弱、节间短缩，但在温度高、湿度大时也易伸长，形成徒长蔓。主要品种有花叶西葫芦、站秧西葫芦、一窝猴西葫芦等。大棚栽培多采用矮生品种。

（三）叶

西葫芦叶片互生（矮生品种密集互生）、较大、掌状五裂，裂刻深浅随品种不同而有差异。叶片和叶柄有较硬的刺毛，叶柄中空，无托叶。叶腋间着生雌雄花、侧枝及卷须。大棚栽培一般选择叶片小、裂刻深、叶柄较短的品种。

（四）花

西葫芦花单性，雌雄同株。花单生于叶腋，鲜黄或橙黄色。雄花花冠钟形，花萼基部形成花被筒，花粉粒大而重，具黏性，风不能吹走，只能靠昆虫授粉。雌花子房下位，具雄蕊但退化，有一环状蜜腺。单性结实率低，冬季和早春昆虫少时需人工授粉。雌雄花最初均从叶腋的花原基开始分化，按照萼片、花瓣、雄蕊、心皮的顺序从外向内依次出现。但雄花形成花蕾时心皮停止发育，雄蕊发达；雌花则在形成花蕾时雄蕊停止发育，而心皮发达，进而形成雌蕊和子房。

（五）果实

瓠果，形状有圆筒形、椭圆形和长圆柱形等多种。嫩瓜与老熟瓜的皮色有的品种相同，有的不同。嫩瓜皮色有白色、白绿、金黄、深绿、墨绿或白绿相间；老熟瓜的皮色有白色、乳白色、黄色、橘红或黄绿相间。果实形状、大小、颜色因品种不同差异较大。多数地区以长筒形浅绿色带深绿色条纹的花皮西葫芦深受消费者欢迎。果实形成一般要在受精后，单性结实性差，大棚温室生产必须进行人工授粉。

每果有种子 300～400 粒，种子为白色或淡黄色，长卵形，种皮光滑，千粒重 130～200 克。寿命一般 4～5 年，生产利用上限为 2～3 年。

二、西葫芦生长发育对环境的要求

西葫芦是瓜类中生长迅速且旺盛的一种蔬菜，它不仅对栽培条件和气候条件有着较强的适应力，而且根系发达，吸收水肥能力强。西葫芦与南瓜相比较，其特点是生长速度较南瓜快，生长期较短。以嫩瓜为产品，应在种子未变硬前收获。需水量较南瓜大，耐热性比南瓜差。

（一）温度

西葫芦对温度有较强的适应性，在瓜类蔬菜中是比较耐寒的。种子发芽温度 13～35℃，最适温为 25～30℃。植株生长发育适温 15～25℃，最低温度要求 12℃以上（西葫芦根毛发生的最低温为 12℃）。开花结果的最适温度为 22～23℃，32℃以上花器官发育不正常；但受精良好的果实在 8～10℃的夜温下也能正常长成大瓜。西葫芦在 10℃以下、40℃以上停止生长。

（二）水分与湿度

西葫芦根系强大，有较强的吸水能力和抗旱能力，但由于育苗移栽时，主根被切断，根系向纵深发展受到抑制，造成根系主要呈水平生长，入土浅，根系的吸水能力、抗旱能力随之减弱，因而对水分要求比较高。土壤水分过多时，会影响根系正常生长，导致地上部的生理失调。地上部生长要求较为干燥的空气条件，空气相对湿度以 45％～55％为宜。栽培中，前期要控制水分，促根控秧，促进植株向生殖生长转化，结瓜期要满足水分供给。

（三）光照

西葫芦属短日照作物，对光照要求不严，在自然光照条件下均能开花结瓜。短日照有利于雌花分化与形成，但对光照强度的要求比黄瓜严格，弱光条件下开花推迟。果实发育则以自然日照时数（11 个小时左右）最好，过长、过短都不利于坐果。连阴寡照、光照不足，植株发育不良，果实生长缓慢，很容易落花落蕾及化瓜。在温室栽培中，应尽量增加光照强度，如采取墙体刷白、张挂反光幕、清扫膜面等。

（四）土壤

西葫芦对土壤要求不严格，瘠薄土地上也能栽培。但栽培时，以地势平坦、排灌方便、地下水位较低、土层深厚疏松、pH5.5～6.8 的沙质或壤土地块最适宜。

西葫芦的生长发育与南瓜相近似，其不同点，一是生长发育的速度较南瓜稍快，果实的生长期较短，一般为 30～40 天。二是以嫩瓜为产品，于种子未变硬之前采收，每株坐果数和采果数均较多。三是需水量大。

三、西葫芦对养分的需求特点

为了获得高产，必须大量使用优质肥料；在土壤肥沃的情况下，必须加强管理，防止茎叶徒长，才能获得高产。在肥料配合上，必须注意磷、钾肥的供给，特别是结瓜期必须有足够的磷、钾肥。偏施氮肥极易引起茎叶徒长，导致落花果及病害蔓延。

据研究，每生产 1 000 千克西葫芦约需氮（N）4.8 千克、磷（P_2O_5）2.2 千克、钾（K_2O）4.8 千克。需肥比例为 1：0.5：1。666.7 平方米产 5 000 千克西葫芦，需氮（N）24 千克、磷（P_2O_5）11 千克、钾（K_2O）24 千克。

第二节 西葫芦主要栽培品种

目前生产上栽培面积大的有中葫 1~3 号、早春青一代、阿太 1 代、花叶西葫芦、黑美丽、灰采尼、阿尔及利亚等。

一、我国选育的品种

1. 中葫 1 号 中国农业科学院蔬菜花卉所最新培育的西葫芦系列优良杂种一代。主蔓结瓜为主，生长势较强，抗逆性较好。早熟性好，坐瓜多，节成性强，前期产量高。瓜型棒状，瓜皮浅绿色。以嫩瓜食用为主，一般采收标准在 150~200 克之间。品质优良，营养丰富，特别是胡萝卜素及铁的含量高于一般西葫芦品种。适于各类保护地及露地早熟栽培。

2. 中葫 2 号 又叫"水果型西葫芦"或称"黄香蕉西葫芦"。中国农业科学院蔬菜花卉所最新培育的西葫芦系列优良杂种一代。生长势较强，主蔓结瓜，侧枝稀少。瓜皮金黄色，瓜型长棒状略弯，似香蕉状。以采收嫩瓜为主，可以生食（凉拌或做色拉），主要作为特菜供应市场。适于各类保护地及露地早熟栽培。

3. 中葫 3 号　中国农业科学院蔬菜花卉所最新培育的西葫芦系列优良杂种一代。早熟，生长势较强，主蔓结瓜，节成性强，抗逆性好，前期产量高。瓜型长柱状，有棱，瓜皮白亮。品质脆嫩，口感好，耐贮存。666.7 平方米产 5 000 千克。适于各类保护地及露地早熟栽培。

4. 冬王西葫芦　山东省青州市华远农业发展有限公司从法国引进的抗逆性、抗病性均十分优秀的春秋棚栽专用西葫芦新品种。叶片小、颜色绿、瓜条长，坐瓜早，坐瓜多，产量超过同类品种 20%～30%，遥遥领先于其他任何品种。一引入中国，便引起了巨大的轰动，是当前农户种植西葫芦的最佳选择。

5. 一窝猴　北京地方品种，华北均可栽培。植株直立，分枝性强，叶片为三裂心脏形，叶背茸毛多，茎蔓短、节间密、分枝多。主蔓第六至第八节出现雌花，以后连续 7～8 片叶节节都有雌花，单株结瓜 3～4 个。瓜短柱形或长筒形，顶部平圆、脐部稍凹陷，端口瓜皮深绿色，表面有 5 条不甚明显的纵棱，并密布浅绿网纹。瓜皮黑绿色，老熟瓜皮橘黄色，单瓜重 1～2 千克。果实肉质嫩，纤维少，味微甜，肉厚瓤小，品质佳。播种至开始收获约 50～60 天，采收期 45 天左右，666.7 平方米产 4 000 千克。早熟，抗寒，不耐干旱。

6. 早丰　植株丛生、节间很短、瓜条较长，可同时结 3～4 条瓜，瓜皮白绿色，抗病、丰产。

7. 早青一代　是花叶西葫芦与黑龙江小白皮配制的杂交种。第 5 节开始坐瓜，每节一瓜，播 40～50 天可始收根瓜，坐瓜力强，可同时坐二、三个瓜。瓜长筒形、瓜柄一端略细，嫩瓜皮浅绿，有细密绿色网纹，有白色小点。瓜肉乳白色。植株开张度小，适于密植，耐低温、早熟。

8. 阿太 山西省农业科学院育成的一代杂交种。叶色深绿，叶面有稀疏白斑。矮生，蔓长 33～50 厘米，节间短，第一雌花着生于第五六节，以后节节有瓜，采收期集中。嫩瓜深绿色，有光泽，老熟瓜呈黑绿色。50 天后可采收，666.7 平方米产 5 000 千克左右。

9. 早青 山西省农业科学院育成的一代杂交种。结瓜性能好，瓜码密，早熟。播后 45 天可采收，一般第五节开始结瓜，单瓜重 1～1.5 千克，单株可收 7～8 个。瓜长圆筒形，嫩瓜皮浅绿色，老瓜黄绿色。叶柄和茎蔓均短，蔓长 30～40 厘米，适于密植。666.7 平方米产 4 000 千克以上。本品种有先开雌花的习性，为让早期雌花结瓜，需蘸 2，4 - D。

10. 站秧 黑龙江省地方品种，东北地区栽培较多。主蔓长 30～40 厘米，节间极短，可直立生长，适于密植。叶片较大，有刺毛，缺刻深裂。嫩瓜长圆柱形，瓜皮白绿色，成熟瓜呈土黄色，肉白绿色。单瓜重 1.5～2.5 千克，早熟，较抗角斑病和白粉病。播后约 44～50 天可采收，666.7 平方米产 4 000～5 000 千克。

11. 长蔓西葫芦 河北省地方品种。植物匍匐生长，茎蔓长 2.5 米左右，分枝性中等。叶三角形，浅裂，绿色，叶背多茸毛。主蔓第九节以后开始结瓜，单株结瓜 2～3 个。瓜圆筒形，中部稍细。瓜皮白色，表面微显棱，单瓜重 1.5 千克左右，果肉厚，细嫩，味甜，品质佳。中熟，播后 60～70 天收获。耐热，不耐旱，抗病性较强。666.7 平方米产 3 000～4 000 千克。

12. 绿皮西葫芦 江西省地方品种。植株蔓长 3 米，粗 2.2 厘米。叶心脏形，深绿色，叶缘有不规则锯齿。第一雌花着生于主蔓第四至六节。瓜长椭圆形，表皮光滑，绿白色，有棱 6 条。一般单瓜重 2～3 千克。嫩瓜质脆，味淡。生长期 100 天左右，666.7 平方米产 2 000 千克以上。

13. 无种皮西葫芦　甘肃省武威园艺试验场育成。种子无种皮，为以种子供食用的品种。植株蔓生，蔓长 1.6 米，第一雌花着生于第七至九节，以后隔 1～3 节再出现一朵雌花。瓜短柱形，嫩瓜可做蔬菜。老熟瓜皮橘黄色，单瓜重 4～5 千克。每 100 千克能采收种子 1.5 千克。种子灰绿色，无种皮，千粒重 185 克。种子供炒食或制糕点。

14. 冬秀西葫芦　北京市农林科学院蔬菜研究中心选育的耐低温弱光冬温室类型杂交品种。中早熟，根系发达，茎秆粗壮，长势旺盛。连续结瓜性好，瓜码密，膨瓜快。商品瓜翠绿色，瓜长 22～24 厘米，粗 6～7 厘米，长柱形、瓜条粗细均匀，光泽度好。采收期 200 天以上，产量高。适宜北方冬季温室种植。日光温室多点区域试验，666.7 平方米产量可达 13 200 千克。

15. 翡翠 2 号西葫芦　北京市农林科学院蔬菜研究中心选育的高耐病毒病杂交品种。特早熟，长势中上，茎蔓中等长度。瓜码密，连续坐瓜力强。商品瓜色浅绿色，中长柱形，顺直均匀，光滑亮丽。耐寒、耐热性均好，不易早衰，产量高，日光温室平均 666.7 平方米产可达 9 060 千克。适应性广，适合北方春大棚、春露地、高海拔越夏露地种植。

16. 华玉西葫芦　北京市农林科学院蔬菜研究中心选育。植株长势强健，叶片中等，株形结构合理，节间短，抗早衰。坐瓜能力强，膨瓜快，早熟，出苗至采收商品果 40 天左右，瓜条顺直，色泽翠绿光亮，瓜长 22～24 厘米，粗 6～8 厘米，长柱形，产量高，单株采收鲜果 15 个以上，塑料大棚平均 666.7 平方米产为 7 060 千克。

该品种耐白粉和灰霉病，适宜早春大棚、露地栽培。施足底肥，地膜覆盖，高垄栽培是丰产优质的关键。

17. 美葫 39 号西葫芦　兰州田园种苗有限责任公司由国外引进的早熟杂交一代品种，植株长势旺盛；果实长柱状，果皮淡绿，瓜长 20～22 厘米，粗 6 厘米左右，平均单瓜重 0.5 千克左

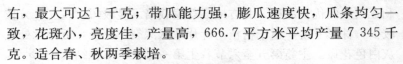

右，最大可达 1 千克；带瓜能力强，膨瓜速度快，瓜条均匀一致，花斑小，亮度佳，产量高，666.7 平方米平均产量 7 345 千克。适合春、秋两季栽培。

18. 冬圣 2 号西葫芦　山东省华盛农业科学研究院育成的优良西葫芦新品种。早熟，瓜色翠绿，有光泽，瓜圆柱形长 25～27 厘米，粗 7～8 厘米，长短粗均匀，外形美观，商品性极佳，植株根系发达，长势旺，抗病性强，耐寒性强，易坐瓜，低温期不易出现畸形瓜，带瓜性强，产量高，后期不易早衰，采收期可达 280 天以上，平均单株坐瓜 30 个以上。日光温室 666.7 平方米产 10 388 千克。

19. 绿湖 2 号西葫芦　早熟，瓜色翠绿，有光泽，瓜圆柱形长 25～27 厘米，粗 7～8 厘米，长短粗均匀，顺直不易变形，外形美观，商品性极佳，植株根系发达，长势旺，抗病性强，耐寒性强，易坐瓜，低温期不易出现畸行瓜，带瓜性强，产量高，后期不易早衰，采收期可达 230 天以上，平均单株坐瓜 26 个以上。高抗病毒病、白粉病，耐热，丰产性突出。适合春秋保护地、春露地以及夏露地栽培，南方地区亦可秋冬露地栽培。根据各地情况合理安排种植密度，加强肥水管理，发挥丰产抗病优势。日光温室 666.7 平方米产 10 250 千克。

20. 寒玉西葫芦　山东省淄博市农业科学研究院选育的西葫芦一代杂交种。中熟，瓜条浅绿色，有光泽，瓜圆柱形长 25～27 厘米，粗 7～8 厘米，长短粗均匀，外形美观，商品性极佳，植株根系发达，长势旺，抗病性强，耐寒性强，易坐瓜，低温期不易出现畸行瓜，带瓜性强，产量高，后期不易早衰，采收期长。在日光温室 666.7 平方米产 16 000 千克左右。

二、引进的品种

1. 花叶西葫芦　又名阿尔及利亚西葫芦。1996 年从阿尔及利亚引入的优良品种。北方地区普遍栽培。蔓较短，直立，分枝较少，株形紧凑，适于密植。叶片掌状深裂，狭长，近叶脉处有灰白色花斑。主蔓第五至六节着生第一雌花，单株结瓜 3～5 个。瓜长椭圆形，瓜皮深绿色，具有黄绿色不规则条纹，瓜肉绿白色，肉质致密，纤维少，品质好。单瓜重 1.5～2.5 千克。播种至开始收获约 50～60 天，采收期 60 天左右，666.7 平方米产4 000 千克以上。较耐热、耐旱、抗寒，但易感病毒病。

2. 美盛西葫芦 法国引进的又一极抗寒、越冬栽培专用品种。生长期长，采瓜期可达 200 天以上；长势旺盛，雌性高，一叶一瓜；颜色油绿，光泽度好，瓜条粗细均匀，商品性好；瓜条生长迅速；抗溃疡病。抗逆性强，日光温室地膜覆盖情况下，可抗拒外界短期−15℃低温，耐盐碱、抗高水位方面也表现出优良的特性；深冬期间产量比同类进口品种高出 2 倍，瓜条光泽度好，无畸形瓜，商品性好。越冬栽培，春天返头期不会出现灯泡瓜、圆瓜、短瓜。

3. 超法丽西葫芦 法国引进的长瓜条、油绿西葫芦越冬专用新品种。植株长势粗壮，瓜形美观，颜色深绿，抗寒能力强，抗病毒病、溃疡病。连续带瓜力强，商品性极好。当温室内气温 5℃左右时能正常结瓜。能够忍耐短时间 0℃以下的低温，只要温度稍有回升，根系便迅速恢复生长，很快又能长出新叶，进入正常结瓜状态。还具有一定的耐盐碱和耐涝性。超法丽西葫芦根系发达，扎根深，吸收能力强，越冬茬栽培无须嫁接换根，采收期可达 200 天以上。

4. 春秋王西葫芦 美国引进的杂交一代春秋大、小拱棚专用西葫芦优良品种。早熟、高产，抗病。抗逆性强，抗寒、抗热性强。瓜条顺直，整齐度好，粗细均匀，色泽油亮翠绿，保水性好。坐瓜多，不歇秧，连续坐瓜性强，产量高。植株长势旺盛，根系发达，吸肥力强，瓜条长 23～30 厘米，单株可采果 30 个以上。

5. 春秋碧绿西葫芦 美国引进的杂交一代春秋大、中、小棚及露地专用优秀西葫芦品种。熟性极早，抗病、抗低温、耐高温，植株长势强，瓜长 22～25 厘米，瓜条顺直，瓜皮光滑亮丽，连续坐瓜能力强，产量高，品质好，抗白粉病、霜霉病等。

6. 冬圣绿西葫芦 法国引进的春秋大棚专用西葫芦品种。极早熟，植株长势稳健，一叶一瓜，瓜长 25 厘米，粗 5～6 厘米，瓜条粗细均匀，颜色翠嫩油绿，光泽度好，品质佳。抗病力强，特抗死棵病，产量高。

7. 南极西葫芦 美国引进的杂交一代日光温室栽培专用品种。植株长势旺盛，耐寒性好，带瓜力强，瓜条长、颜色油绿，商品性好。单株采瓜 35 个以上，采收期可达 200 天，平均666.7 平方米产 15 000 千克；易栽培，效益好。春天返头期，不会出现灯泡瓜、圆瓜，特抗死棵病。

8. 黎明 3 号西葫芦 美国引进的杂交一代西葫芦新品种，连续结瓜能力特强，一叶一瓜，长势稳健，根系发达，抗逆性强，高抗银叶病、病毒病。瓜条圆柱形，膨瓜速度快。颜色油绿，产量高，商品性好。适宜春秋保护地及越冬日光温室栽培。

9. 美国灰采尼 辽宁省种子公司从美国引进的杂交种。植株矮秧，叶片丛生，节间短，瓜蔓短粗，上有坚硬的刺毛，叶片较大，呈掌状，并带有灰色斑，叶缘深裂。结瓜早，瓜条长筒形，灰绿色，有浅色花纹，肉质细嫩，品质优良。早熟，从播种到采收约 56 天，666.7 产 4 000～5 000 千克。耐寒、抗病，适应性广。适于露地或保护地早熟栽培。

10. 黑美丽 由荷兰引进的早熟品种。在低温弱光照条件下植株生长势较强，植株开展度 70～80 厘米，主蔓第五至七节结瓜，以后基本每节有瓜，坐瓜后生长迅速，宜采收嫩瓜平均每个嫩瓜重 200 克左右。瓜皮墨绿色，呈长棒状，上下粗细一致，品质好，丰产。每株可收嫩瓜 10 余个，老成瓜 2 个（单瓜重1.5～

2 千克）。适于冬春季保护地栽培和春季露地早熟栽培，666.7 平方米产 4 000 千克左右。

11. 黑皮西葫芦 1991 年从新西兰引进，广州地区栽培较多。植株矮生，高 30～50 厘米，开展度 80～100 厘米。叶深绿色有灰白斑点。第 8～9 节着生第一雌花。果实长圆柱形，长 27 厘米，横径 6.5 厘米，墨绿色，肉厚 1.5 厘米，白色，单果重 525 克。早熟，播种至初收 40～50 天。主蔓结果。采收嫩果为主。较耐寒，耐旱，易感染病毒病和白粉病，肉质柔滑。

12. 太阳 9795 从美国太阳种子公司引进的早熟杂交品种。从播种到采收 47 天，植株生长旺盛，浅绿色瓜皮，瓜呈圆柱形，嫩瓜长 19 厘米，直径 5 厘米，成熟瓜更大，高产，特别是前期产量很高。

13. 白剑 美国 SUNSEEDS 的早熟杂交种。相对成熟期 45～47 天，植株生长旺盛，瓜皮浅绿色，瓜条呈圆柱形，瓜条匀称似棒状捎带棱，连续结瓜能力强，前期产量高，丰产，适合于温室和露地种植，有很好的适应性。每 666.7 平方米定植 2 200～2 500 株，定植之前应施足底肥，开始结瓜之后，应该及时追肥，浇水，及时采收。

14. 最高峰 国外引进品种。植株直立开展小，适合保护地低温期栽培。低温弱光下易结果、极少发生不良果，早熟，果皮浅绿有光泽，商品性优良。

15. 纤手 早熟 F1，株型紧凑，节性好，瓜色光泽淡绿，长棒状，长 20 厘米，粗 5 厘米，外表美观，品质佳，商品性极好。

16. 改良纤手 法国 TEZIER 公司品种。早熟 F1，节性好，瓜色光泽淡绿，长棒状，长 20～22 厘米，粗 5 厘米，单株产瓜 30～50 个，单瓜重 250～300 克，外表美观，品质佳，商品性极好。适于日光温室、早春及秋延迟保护地栽培。

17. 阿多尼斯 9850F1（Adonis F1） 美国引进的一代西葫

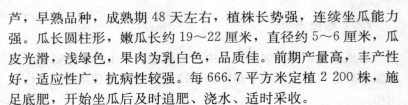

芦，早熟品种，成熟期 48 天左右，植株长势强，连续坐瓜能力强。瓜长圆柱形，嫩瓜长约 19～22 厘米，直径约 5～6 厘米，瓜皮光滑，浅绿色，果肉为乳白色，品质佳。前期产量高，丰产性好，适应性广，抗病性较强。每 666.7 平方米定植 2 200 株，施足底肥，开始坐瓜后及时追肥、浇水、适时采收。

18. 冬玉　自法国引进的越冬型专用品种，中偏早熟。植株粗壮，根系发达，吸收能力强，抗病性好。长势旺，节性好，分枝性弱，节节有瓜，坐果率高，每叶一瓜，瓜长 20 厘米，粗 5～6 厘米。瓜形雅观，瓜条精致均匀，色彩碧绿如玉，光泽度好，脆嫩、水分大，还有一股淡淡的奶香味，品质佳，商品性好。耐运输，合适装箱。耐冷性强，且具有一定的耐盐碱和耐涝性，适合保护地早熟栽培，长季节栽培采收期可达 150～200 天左右。冬玉西葫芦耐冷性较强，温室内气温 5℃左右时能正常结瓜，在日光温室内地膜覆盖下可抗拒外界短期 −15℃低温，冬春茬种植无须嫁接，是日光温室冬春茬吊秧栽培的理想品种。冬玉西葫芦即使遇特别低温而部分受冻，只要温度稍有回升，根系便很快恢复生长，很快又长出新叶进入正常结瓜状态。

第三节　西葫芦安全生产技术

一、露地栽培

西葫芦在我国各地栽培表现很好，对补充春淡季蔬菜供应上起一定的作用。其露地栽培技术要点如下：

（一）栽培品种

可选用一窝猴、花叶西葫芦、长西葫芦、扯秧西葫芦等早熟品种。

（二）栽培季节

露地栽培，北方多在3月中下旬播种，4月中下旬定植。南方温床育苗多于2月中下旬播种，冷床3月上中旬播种，4月初定植。

（三）育苗

选择背风向阳的地方进行冷床育苗，床土配制和黄瓜基本相同。播前用60℃的热水进行温汤浸种，充分搅拌水温降至30℃后，继续浸泡3～4小时，捞出后用湿布包好，放在25～30℃的环境处催芽。然后，将苗床浇足底水后，将床土表面划成8～10厘米见方的小方格，每格中央点上已萌动发芽的种子一粒，然后覆土，覆土厚度为3～4厘米。播完后，上面覆盖地膜。播后到出土时期，苗床温度白天控制在25～28℃，夜晚12～15℃；小苗出土后，昼温降至23～25℃，夜温10～12℃；定植前，进行低温锻炼，夜温可在8℃左右。

（四）定植

西葫芦苗龄25～35天即可定植，定植前施足基肥，整地，作平畦、小高垄或高垄。短蔓类型行距85厘米，株距50厘米，每666.7平方米栽植1 500株，可用稀粪水稳苗或栽后浇明水定植。定植后约一周，浇缓苗水。

（五）田间管理

缓苗后，进行中耕蹲苗，根瓜6～10厘米长时浇催瓜水。生长健壮、主蔓结瓜的品种可不整枝，少追施化肥或不施。长势弱的则需整枝、疏花并适当多施肥，以后逐渐增加浇水次数。结果盛期，一般7天浇水一次，随水追肥2～3次，每次每666.7平方米施复合肥或尿素8～10千克，或硫酸铵15～20千克，也可追施稀粪水。每次浇水后要及时中耕。为提高坐果率，可进行人工授粉，授粉必须在上午 8 点前结束，也可用 30～40 毫克/升的 2，4‐D 处理，即开花当天上午 9 时左右用毛笔涂抹花柱基部与花瓣基部之间。

西葫芦的病虫害主要是蚜虫、白粉病，应及时喷药防治。

（六）收获

一般花谢后 7～10 天嫩瓜成熟，即可采收。根瓜宜早收，以防坠秧；以后采收也应勤摘，以防老瓜和植株早衰，影响产量。

二、塑料大棚早春茬西葫芦栽培

（一）品种选择

大棚早春西葫芦栽培，需选用熟性早、耐寒力强、蔓短、植株比较紧凑的矮生品种，如早青 1 代、阿太 1 代、阿尔及利亚西葫芦等。

（二）培育壮苗

用热水浸种后在 25～30℃温度下催芽，每天用温水冲洗一次，待芽长至 0.2～0.4 厘米时即可播种。播种后，苗床内温度，白天保持 25～28℃，夜间 14℃左右，地温不低于 16℃。出苗前不要通风。幼苗出土后，适当降低苗床内温度，防止幼苗徒长，白天控制在 20～25℃，夜间控制在 10～12℃。定植前 10～15 天，加强通风，对幼苗进行低温锻炼。

（三）定植前准备

定植前施足基肥，666.7 平方米施优质有机肥 7 500～10 000 千克、磷酸二铵 30～50 千克、硫酸钾 40～50 千克，然后深翻

30厘米，耙平耧细。定植前，提前30天扣棚，密闭闷棚，每666.7平方米用45%百菌清烟剂1千克熏烟杀菌。早春大棚西葫芦栽培，华北地区一般于3月下旬定植，定植前2～3天刨坑，前一天浇掩水，定植时再浇适量的水，避免大水漫灌。定植宜在晴天上午进行，后覆地膜。定植密度以666.7平方米栽2 000株为宜。

（四）定植后管理

从定植到根瓜采收约20～25天，管理上以保温、控水、中耕、保苗、促壮为主。

定植后七天内是缓苗期，一般不进行通风，大棚内气温白天保持25～30℃，夜间15～18℃，促进幼苗发新根。

缓苗后，幼苗长出新叶时，未浇缓苗水的，应在此时轻浇水，并适当降低棚温，温度控制在白天20～25℃，夜间12～15℃，既防止幼苗徒长，又利于促进雌花的形成，早现雌花，早坐瓜。

根瓜坐住之后，棚内气温应控制在白天25～28℃，夜间15～18℃，白天温度超过30℃以上2个小时，要进行通风。坐瓜后提高棚温的目的是加速植株生长，提高产量，同时加速根瓜膨大，早采收上市。雌花开放时，因温度低，不易坐瓜，可用2，4-D蘸花，使用浓度20～30毫克/升，也可进行人工授粉，在上午9点之前，摘取开放的雄花，将雄蕊对在雌花柱头上。

根瓜采收后进入盛瓜期，这段时期要尽量延长光照时间，加强保温，保证植株对水、肥的需求，及时整蔓和人工授粉，此期温度应控制在白天25～28℃，夜间15～20℃，外界夜间最低气温达到15℃时，要昼夜通风；大棚草苫，在棚温允许的条件下，要尽可能早拉晚盖，尽量延长光照时间。阴雪天时，要及时清扫棚面积雪，争取接受散射光。西葫芦虽喜温，但较黄瓜对温湿度有较强的适应能力，此期应加大浇水量，每隔 5～6 天浇一水，隔水追一次粪稀或化肥，化肥施用量每次每 666.7 平方米追施磷酸二铵 20 千克、硫酸钾复合肥 30 千克。浇水要选晴天上午进行，下午或阴天不浇水，浇后待棚温升至 28℃时及时通风排湿，阴雪天或棚内湿度大时，为避免喷药增加棚内湿度，可采用粉尘剂或烟雾剂防治病虫害，这段时间仍需用 2，4 - D 蘸花或进行人工授粉，以保证坐瓜率。

三、大棚秋延迟西葫芦栽培

大棚秋延迟西葫芦一般 8 月上中旬播种，9 月上中旬定植，苗龄一般为 30～35 天。苗期正值高温、多雨季节，要适当遮荫防止高温，并防暴雨砸苗。播种时浇足底水，出苗前一般不浇水。出苗后，若床土较干，可适当浇水，但要防止高温、高湿造成秧苗徒长，形成高脚苗。待幼苗长至三叶一心或四叶一心时，即可定植。定植前，结合深翻，666.7 平方米施入有机肥 7 500～10 000 千克、磷酸二铵 50 千克、硫酸钾 30 千克，整地作畦。为提高前期产量，应适当密植，666.7 平方米栽 2 000 株为宜。定期后到根瓜采收约需 20～25 天，这段时间以降温为主。大棚通风量要大，应维持棚内白天 25～30℃，夜间 18～20℃，促进缓苗，若外界气温过高，应适当搭草苫遮阴。缓苗之后，温度还应降低，以防止徒长。缓苗后浇一水，水量不宜过大，在根瓜坐住之后，再浇一次水，结合浇水，每 666.7 平方米追施尿素 20～30 千克。根瓜采收后至第 4～5 个瓜长成为结瓜盛期，此期要加强肥水管理，每 5～7 天浇一次水，为控秧促瓜，应在每次摘瓜前两天浇水，隔一水追一次肥，每次每 666.7 平方米追施磷酸二铵 20～30 千克、硫酸钾 20 千克。结果后期，外界气温逐渐降低，要适当控制通风量，维持棚内白天 25～28℃，夜间 15～20℃的气温。

四、温室越冬茬西葫芦栽培

（一）育苗

育苗期一般在 11 月前后。因西葫芦根系木栓化程度高，伤根后很难恢复，需要采用营养纸筒或营养钵育苗。播前先进行种子处理，用 55℃温水浸种 20 分钟，水温下降后泡 4～5 小时捞出，洗净、晾干，除去不饱满种子，置于 28～30℃环境下催芽，2～3 天即可齐芽。

育苗用的营养土，可按无病菜园土 60％、腐熟骡马粪 40％配制，适量加入尿素后混匀，过筛。将配制好的营养土装入营养纸筒中，在育苗畦上排列整齐，浇足水，待水渗透后将发芽种子平放在营养纸筒中央，上覆 1.5 厘米厚营养土，用手轻轻压实，以防子叶带壳出土。

播后苗床温度保持在白天 28～30℃，夜间 18℃以上，3～4 天即可出齐。如果温度低，出苗时间长，易使营养消耗多，幼苗瘦弱。幼苗出土后，温度降至白天 20～25℃，夜间保持 12～15℃，防止下胚轴过度伸长形成高脚苗。第一片真叶出现后，温度可适当提高，白天 22～29℃，夜间 15～18℃，实行大温差育苗，以利培育壮苗。定植前一周，温度再度下降，白天 15～20℃，晚上 8～12℃，实行低温炼苗，以使幼苗适应定植后的外界条件，提高成活率。西葫芦育苗期一般不浇水，但如果幼苗心叶变小而浓绿，中午前后稍有萎蔫，这是缺少水分的征兆，应及时补充水分。浇水要在晴天中午进行，浇水后及时通风排湿。经过 35 天左右，西葫芦的幼苗即可育成。壮苗的标准为：真叶3～4 片，株高 10～15厘米，茎粗 0.4～0.5 厘米，叶片长度接近于叶柄长度，叶色深绿。

（二）定植

666.7 平方米施优质腐熟农家肥 5 000 千克，加入过磷酸钙

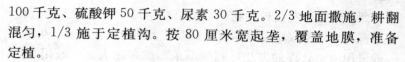

100 千克、硫酸钾 50 千克、尿素 30 千克。2/3 地面撒施，耕翻混匀，1/3 施于定植沟。按 80 厘米宽起垄，覆盖地膜，准备定植。

定植时间要根据当时气候决定。西葫芦定植后经历几个晴天，幼苗缓苗快，新根发生早，成活率高。所以定植时，要避开阴天，提早或延后几天均可，但天数不可过多。

定植株行距 60 厘米×40 厘米，666.7 平方米栽植 2 300 株。定植后 3～4 天浇一次缓苗水，大约一周左右，幼苗即可开始生长。

（三）田间管理

缓苗期需要较高温度，白天 28～30℃，夜间 18℃ 以上。缓苗后，白天 22～25℃，夜间 10～15℃，有利于雌花的提早形成和开放，并可促进根系生长，有效抑制徒长。根瓜开始膨大后，温度管理上以促为主，温度适当提高，但不宜超过 30℃。进入结瓜盛期后，外界温度逐渐升高，应逐渐加大放风量，外界温度稳定在 12℃ 以上时即可昼夜放风。

光照强度对西葫芦生长发育十分重要，要尽量满足植株需要，争取早揭晚盖，清扫膜面。缓苗后，即可在后部张挂反光幕，促进早开花、早结瓜，防止化瓜，增加产量和提高质量。

根瓜开始膨大后，开始浇水追肥，结合浇水，666.7 平方米追磷酸二铵 15～20 千克或硝铵 20～25 千克。根瓜采收后，第二条瓜膨大时，进行第二次浇水追肥，666.7 平方米施硝铵 20 千克或尿素 15 千克。要根据植株的生长势和天气状况来安排西葫芦的水肥管理，既要防止肥水过量造成疯秧，又要避免因营养不良导致植株衰弱，形成果实坠秧。还要注意不可偏施氮肥，注意磷、钾肥供给，可追施三元复合肥或根外喷施磷酸二氢钾，加快营养向果实转移，防止化瓜。也可根据苗情，喷施农家宝等叶面肥料。

西葫芦是异花授粉作物，不能单性结瓜，可进行人工授粉。但温室栽培中不仅雄花少，而且低温使大部分雄花败育。生产中一般采用激素处理的方法，刺激瓜条形成和膨大。一般用 50～100 毫克/升的 2，4 - D 或 100 毫克/升的防落素涂抹在花柱基部与花瓣基部之间，若在溶液中加入 0.1% 的速克灵，既可防止化瓜，又可预防灰霉病发生。

矮生品种的西葫芦节间短缩，露地栽培时不需要上架。但在日光温室中为了使植株充分接受阳光，必须把茎蔓吊起来，使其直立生长。这样做还有一个好处，就是使植株行间空气流通，避免局部湿度过大，降低病害的发生率。吊蔓的方法和黄瓜相似，顺行拉一条铁丝，每株瓜秧用一根绳，上端拴在铁丝上，下端用木桩固定在地面上。

西葫芦叶片大，互相遮光严重，病叶、残叶及失去功能的老叶要及时摘去。植株上难以坐住或已化掉的瓜要及时摘除，以防留在植株上引起病害。西葫芦基本节节有瓜，全部留住不仅难以坐住，而且影响植株的营养生长，形成坠秧。在绑蔓和去侧枝的同时要进行疏花、疏果，一般两节留一个瓜比较适宜。

西葫芦以采收嫩瓜为主，瓜条具备商品价值后要及早采摘，一般根瓜长到 250 克即可采收，以免坠秧或影响后瓜的生长。

五、日光温室秋冬茬西葫芦栽培

日光温室秋冬茬西葫芦的收获始期在 10 月中旬。在生产中，需要掌握几个关键技术环节。

(一) 育苗

育苗有两种形式：一种是温室棚膜下边覆盖遮阳网（遮阳网紧贴棚架）。另一种是露地搭小拱棚，上盖遮阳网，雨前搭塑料薄膜防雨。育苗期间一定要避免雨淋和曝晒，并用 0.2% 磷酸二氢钾、0.1%尿素混合液根外追肥，蚜虫发生时及时用 3 000～6 000 倍的阿立卡，或阿克泰 1 500～2 500 倍液喷雾防治，保证壮苗无病毒感染。

（二）定植

西葫芦根深叶茂，结瓜快，喜肥水，因此基肥一定要施足。定植前，一般每 666.7 平方米施农家肥 5 000 千克以上、过磷酸钙 100 千克、磷酸二氢钾 10 千克、磷酸二铵 40 千克，混合后 2/3 普施，1/3 集中施入定植沟内。

高畦地膜防早衰。秋冬茬西葫芦一定要采用高畦覆盖地膜栽培，这样可以提高后期地温，防止浇水后空气湿度过大，预防灰霉病的发生，并提高根系活力，延缓植株衰老。一般采用底宽 1 米、上宽 80 厘米、高 10～15 厘米的小高畦，上覆 110 厘米宽的地膜，每畦双行，定植株行距 50 厘米×80 厘米。

（三）定植后管理

1. 疏花保果 西葫芦开花后一定要进行蘸花保果。每天早 9～10 时，露水干后用 20～30 毫克/升的 2，4 - D 涂抹雌花柱头，并及早疏掉多余的雌花和畸形带病的小瓜，可采用隔节留瓜的方式进行疏果，以集中养分，保证每株有效瓜的形成。

2. 勤追肥 追肥要勤，整个生育期追 3～4 次催果肥。第一次在 60%～70%根瓜坐住、瓜重约 0.25 千克以上，随水冲施硝铵 10 千克或人粪尿 1 000 千克。采收根瓜后第二次追肥，追肥量为第一次的 1.5 倍。以后再间隔追第三、四次肥，进入 12 月份以后不再追肥，尽量控制浇水，加强保温防寒工作。

3. 根瓜早摘促秧 秋冬茬西葫芦到生长后期温度转低，进入 12 月份以后夜间温度有时会降到 5℃以下，对西葫芦的生长影响很大，要尽量促其快速生长，提高前期产量，使产瓜高峰集中在 11 月中旬。12 月中旬，当根瓜长到 350～400 克时要及时摘掉，以后每个瓜控制在 750 克以下就要摘掉，以促进瓜秧生长。

（四）病虫害防治

该茬栽培前期主要防病毒病和白粉病，坐瓜后注意防灰霉病、蚜虫和白粉虱。

病毒病的防治要以控制蚜虫为主，可用"高巧"拌种控制苗期蚜虫；蚜虫或白粉虱发生量大时，用阿克泰或阿立卡等药剂喷雾；病毒病初发期，及时拔除病株，并每隔 10 天喷一次 500 倍病毒 A。

前期降温，避免 30℃以上高温出现，白天温度控制在 20～28℃，夜间控制在 15～20℃，预防白粉病的发生。后期注意不要大水漫灌，宜采用膜下暗浇的方式进行。在采瓜或浇水后，夜间用 45％的百菌清烟雾剂或 10％速克灵烟剂每次 200～250 克，于傍晚闭棚时熏烟，整个结瓜期熏 2～3 次即可。注意通风散湿，预防灰霉病的发生。

白粉病发生初期，优先选用爱苗、世高、敌力脱等新型高效低毒药剂，也可选用农抗 120、三唑酮（粉锈灵）、硫剂、三唑醇、烯唑醇（特谱唑）、腈菌唑、十三吗啉等常用药剂喷雾防治；灰霉病发生初期，优先选用特效药剂和瑞喷雾，也可选用速克灵（腐霉利）、农利灵（乙烯菌核利）、扑海因（异菌脲）、甲托（多菌灵）、乙霉威、乙霉灵等传统药剂进行喷雾防治。

实践证明，只要抓好关键技术环节，加强日常管理，就可以使日光温室秋冬茬西葫芦栽培获得成功。

六、日光温室冬春茬西葫芦栽培

（一）整地施肥

冬春茬日光温室西葫芦定植较早，属于"短、平、快"生产的一茬。一般情况下，在霜冻以前温室前屋面盖膜，然后清除室内的残株杂草，整平地面，施有机肥。施用有机肥的数量一般比越冬一大茬要少，一般每 666.7 平方米施用优质农家肥 5 000～7 500 千克，有条件时可混入过磷酸钙 30～50 千克、硫酸钾 30～40 千克、饼肥 150～200 千克、碳酸氢铵 50 千克，采用地面撒施和开沟集中施用相结合的方法进行，但沟施时要注意与该茬的种植形式结合。撒施后，深翻 40 厘米，打碎土块，使土壤和粪肥充分混匀，整平地面。按照 80 厘米的大行距和 55～60 厘米的小行距开定植沟，沟深 10 厘米。若用开沟集中施用的方法，则在开沟后施肥、浇水，然后再起垄，垄高大约为 25 厘米，沟底宽约 30 厘米，在 80 厘米的大行间掘起一条可供人行走的垄，把两个相距 55～60 厘米的垄间用地膜覆盖起来，地膜分别搭在两垄外侧各 10 厘米左右。

（二）定植时期与密度

　　冬春茬日光温室西葫芦的定植时期，应根据不同纬度地区、日光温室中的温度条件、光照条件、本地区的市场销售情况以及该地区的天气变化规律来决定。在华北地区，一般在 11～12 月份进行。

　　西葫芦的栽培密度应根据品种的株型以及栽培方式来决定。小型品种每 666.7 平方米 1 800 株左右，大型品种 1 600 株左右。近年来，由于多采用吊蔓栽培方式，可适当加大栽植密度，小型品种（如早青一代）每 666.7 平方米可栽苗 2 000 株。因为日光温室栽培条件下，冬春茬栽培西葫芦的行距已经固定，大行距 80 厘米、小行距 55～60 厘米，所以，栽培密度主要由株距的变化来决定。一般情况下，定植垄上按 45 厘米的株距开穴定植。定植时，尽量采用前边密、后边稀的定植方式，大苗定植在前、小苗在后，前边株距可为 40 厘米，后边株距可适当加大为 50 厘米，平均株距为 45 厘米即可。

（三）定植方法

定植前两天，育苗床浇透水。要选择植株大小一致、生长势旺、无病虫害的优质苗。定植时，边割坨边栽苗，按规定的株行距，在垄上破膜开穴，把苗坨植入穴中并使苗坨稍露出地面，分株浇稳苗水，待水渗下后覆土，使苗坨面与膜面持平，然后用土将膜的开口封压住。冬春茬西葫芦定植时，由于地温和气温都比较低，所以定植应该选择晴天的上午进行。定植全部结束后，若地温比较高，可以小水浇缓苗水，切不可顺沟浇大水，否则降低地温植株缓苗慢，缓苗期长。缓苗后，再顺沟浇一次透水，把垄湿透。

（四）定植后的管理

1. 温度管理　定植后缓苗期间的 5～7 天里一般不需要放风，在高温、高湿的条件下缓苗快。但是，在晴天的中午气温超过 30℃时，可在温室屋脊开放风口，少量放风。当心叶开始生长时，说明缓苗期已结束。缓苗结束后，每天温度控制在 20℃左右，最高不要超过 25℃，夜间前半夜 13～15℃，后半夜 10～11℃，最低 8℃，适当加大昼夜温差，促进根系发育，防止地上部徒长。植株坐果后，为促进果实生长，白天温度可适当提高到 25～29℃，夜间温度一般控制在 15～20℃。冬季低温弱光时，应采取一定的增温措施，白天温度保持 23～25℃，夜间在 10～12℃，以提高光合生产率。连续阴天、雨雪天过后，因光照恢复，棚内温度逐渐上升，但不宜骤然升温，最高温度不要超过30℃。随着外界温度的升高和光照的加强，白天可以保持在25～28℃，夜间在 15～18℃。当外界气温稳定在 10～12℃时，可适当放风，以增大昼夜温差，增加光合积累，减少呼吸消耗。

2. 光照调节　虽然西葫芦对光照的适应性较强，但日光温室冬春茬栽培的定植期正是全年光照最弱的季节，光合强度降低影响光合产物的积累，须采取一定的措施提高光照强度，尽可能延长光照时间。试验表明，冬春茬日光温室西葫芦定植后，若用白灰刷后墙内侧，或挂一层反光幕，对促进生长、增强植株抗病性、提高产量具有明显效果。主要表现是，植株茎蔓节数增加，生长速度加快，不出现徒长现象；温室内气温提高，空气湿度降低，病害发生轻；昼夜温差加大，光合强度提高，光合积累增加，产量提高，品质上升。

3. 水肥管理 缓苗水浇完后，一直到坐果前，一般不浇水也不施肥，但浇完缓苗水后需要加强中耕，一般每 3～4 天进行一次，连续 3～4 次，中耕操作时不要伤及根系。这一段时间在栽培上称为"蹲苗期"，"蹲苗"期正是花芽形成、花数不断增加的时期，这段时期要求植株生长健壮，又要形成较多的雌花。当植株进入果实迅速生长期时，根系分配到的光合有机营养越来越少，所以坐果前必须尽量控制地上部生长，促进地下部根系的发育。控上促下的措施，除加大昼夜温差，提高光照强度外，控制水分更为重要。"蹲苗"期植株开花，开花时若只有雄花而无雌花，则及早摘除。雌花开放后，需人工授粉或者用 2，4 - D 蘸花以保花保果。当 80% 左右的植株第一条瓜（根瓜）坐住以后，"蹲苗"结束。根瓜坐住的标志是瓜长到 6～10 厘米，这时开始浇水，浇水要选择晴天的上午进行。浇水时每 666.7 平方米随水施 15 千克尿素或 30 千克硝酸铵。根瓜生长期外界温度较低，温室一般不放风或少量放风，所以浇水不宜过勤，一般 15 天左右浇一次水。根瓜长到 250 克时采收，以利于瓜秧生长和以后的结瓜。根瓜采收后一直到采收 5～6 条瓜的这一段时间为结瓜盛期。进入结瓜盛期以后，温室外的气温已升高，此时应加大放风量，以促进植株和瓜条快速生长，浇水次数也增加，浇水量要大，一般每 7 天浇水一次，隔一次水追一次肥，尿素、硫酸铵、磷酸二铵等化肥可交替追施，每 666.7 平方米每次施肥量为 20～30 千克。浇水宜在每批瓜大量采收的前 2 天进行，不要在大批瓜采后的 3

天内浇水，这样有利于控秧促苗。进入 4 月份，加大放风量，可顺水冲入粪稀 2～3 次，每次每 666.7 平方米施入量 1 000～1 500 千克。结瓜盛期果实发育快，仅靠根系从土壤中吸收养分难以满足旺盛生长的需要，可进行根外追肥，补充植株缺乏的某些营养元素，并增强植株的抗性，可根外追施 0.6％的三元复合肥或 0.2％的磷酸二铵加 0.4％的尿素或 0.2％～0.3％的磷酸二氢钾等。

4. 吊蔓及植株调整 矮生型西葫芦虽然节间短，但随着叶片数的增加，植株也不能直立，匍匐在地面生长。为充分利用日光温室中的空间，加强植株的通风和透光，应在植株长到 8～9 片叶时进行吊蔓。方法是：在瓜行的上方拉一道南北方向的铁丝，每棵植株用一根塑料绳，绳的上端固定在铁丝上，下端拴一小木块插入土中，将植株缠绕在线绳上，使其直立生长。绑蔓要经常进行，对个别较高的植株绑蔓时可以使其弯曲，以使所有植株的生长点在同一高度上。矮生型西葫芦有时也发生侧枝，为了保证主蔓的生长势旺盛，必须尽早地除掉侧芽。另外，还必须及时打掉老叶、病叶，掐卷须，既可以避免遮光，又可以减少不必要的养分消耗。摘除侧芽、老叶、病叶和卷须宜在晴天的中午进行，有利于伤口的愈合。

5. 保花保果 冬春茬日光温室栽培西葫芦，经常发生落花落果现象。主要原因是，定植缓苗后，过早地追肥浇水，特别是夜间温度偏高而光照不足导致植物徒长、营养生长过旺而生殖生长受到抑制，往往只开花而不结果。

对这种情况，生产上应降低温室温度特别是降低夜温，加大昼夜温差，控制水分，增加光照强度，叶面喷施 0.5％的磷酸二氢钾等。低温季节温室内开放的雄花少而迟，雌花开放早而多，在花粉量少、花期不一致且授粉昆虫少的情况下，往往授粉受精不良而导致落花严重，解决的办法是进行人工授粉。于雄花的铃铛花期，上午 9～10 时将雄花摘下，除去花冠，一手拿花柄，一手把住雌花花冠，将花粉轻轻涂在雌蕊柱头上。一般一朵雄花可授 3～4 朵雌花。如果一段时间内无雄花开放，则所开雌花就应采用激素处理，一般用 0.2～0.3 毫克/升的 2，4 - D 或 0.4～0.5 毫克/升的番茄灵及时点花，即在花开的当天上午用毛笔蘸药液涂在子房、花梗或柱头上。

西葫芦花具有可塑性，当环境条件适于雌蕊原基发育时，雄蕊原基就退化了，形成雌花。因此，在育苗期间采取短日照、低夜温以及较大的昼夜温差，可以促进雌花的分化。

温室栽培矮生西葫芦多数品种节节结瓜，由于植株负担重，易造成养分供应不足，导致各瓜之间争夺养分激烈，使一部分瓜停止生长，最后化掉。所以，当一株西葫芦结果过多时，应结合绑蔓，根据植株长势和果实的发育情况，疏去一部分。另外，对达到商品标准的瓜，要及时采收，以减少养分的消耗，使其不影响其他果实的发育。

（五）采收

采收往往被看做是单纯的收获，实际上它也是对植株调整的一个主要手段。据试验，及早摘取幼瓜，可以比采收成熟的瓜提高光合生产率 15％。因此，西葫芦特别强调适时早摘，一般第一个瓜要求在 200 克时采收，以后的瓜在开花 10 天后、达到250 克左右时即可采收上市。适时采收不仅可以及早上市，提高经济效益，还可以节约植株养分，有利于植株上部开花、坐果及果实发育，促进茎叶生长，加速植株上层幼瓜的发育，减少落花落果现象的发生。

在采收时应根据植株的长势进行。长势旺盛的植株，适当晚采收，疏果时可多留几条瓜。

七、西葫芦的嫁接栽培

西葫芦一般与黑籽南瓜进行嫁接。西葫芦与黑籽南瓜嫁接是一项先进的生产技术，是西葫芦棚内高产栽培的一项重大改革和创新，是提高产量、质量和经济效益的有效途径。

嫁接后的西葫芦可以在元旦前后上市，翌年四月底结束，盛果期 4 个月。由于盛果期大幅度延长，提高了产量，而且正好在春节前后进入旺产期，行情好、价格高，经济效益大幅度提高。实行嫁接栽培，一是改变了西葫芦的生产形态。以矮生品种"早青"为例，若采用直播栽培，从收摘上市至结束，每株只能结成瓜 3～5 个；但采用嫁接栽培，到收获完毕时，嫁接苗主蔓长度达 3 米左右，成瓜数 10 个以上，单株产量 6.5 千克以上，是不嫁接产量的 2.5～3 倍。二是加速瓜条的生长速度。直播西葫芦在深冬季节生长速度较慢，从谢花到收摘上市，一般需要 10～15 天，而嫁接后的西葫芦由于根系强大，吸肥面积大，植株苗壮、长势旺，座下的瓜条从谢花开始只需 5～7 天即可收摘，而且第一条瓜未摘，第二条瓜已座下。三是嫁接后的西葫芦抗寒、抗病能力有较大提高。深冬季节，嫁接后的西葫芦能忍耐棚温 2℃、地温 8℃的低温而不出现冻害；嫁接后的植株健壮，长势更加旺盛，抗病性能提高，病毒病、白粉病等病害发生较轻、危害小。

（一）育苗

西葫芦嫁接栽培的，技术比较复杂，要想取得成功，必须从每一个环节，严格按规程办事，绝不可掉以轻心，如果在哪一个环节上出了问题，都会影响产量甚至前功尽弃。

1. 确定适宜的播种时间 利用日光温室进行西葫芦嫁接栽培的目的是，赶在元旦前几天使西葫芦上市，春节前后大量投产，提高产量和经济效益。一般而言，从育苗到收摘第一茬瓜，大体需要 35～40 天时间，适宜的播种期是 10 月中旬。播种偏早，气温高，棚温难以控制，瓜苗容易出现徒长，花芽分化不良，雌花出现晚，植株细弱而不健壮，影响产量。播种偏晚，寒流不断侵袭，所需温度、光照达不到植株发育要求，瓜苗生长缓慢，结瓜期延后，推迟上市时间，春节前无较高产量，影响到经济收入。因此，要因气候而宜，不可强求一律。

2. 播种前的准备　利用日光温室嫁接栽培西葫芦，一定要施足底肥。每 666.7 平方米可施入优质圈肥 10 方或腐熟鸡粪 5 方以上、磷酸二铵 50 千克、钾肥 75 千克、标准氮肥 150 千克，有条件时还可以加饼肥 250 千克。将上述肥料撒在地面，砸细深翻两次，耕翻深度在 30 厘米，耙平灌足水。国庆节前后，扣棚膜，高温闷棚。闷棚期间，棚内温度高达 60℃以上，可杀死大部分病菌，还可使基肥充分腐熟。

3. 苗床的设置　嫁接西葫芦要设置 3 个苗床。第一个是西葫芦苗床，第二个是黑籽南瓜苗床，第三个是栽植嫁接苗的苗床。前两个育苗床按东西向建成宽 1.5 米、高出地面 7 厘米的畦，长度可按苗多少而定。西葫芦苗床最好建在温室入口处，以利通风炼苗，育成壮苗。南瓜需要温度高一些，宜建在温室里边。嫁接苗床，按南北向，建成 2.5 米宽、高出地面 7 厘米的畦，长度视嫁接苗多少而定。三个苗床的培养土，质量一样，其比例是：三份园田土、一份腐熟的圈肥，拌匀过筛，运进棚内做畦。嫁接苗床可施入少量磷酸二铵（每 666.7 平方米用 2.5～3 千克）。

4. 西葫芦、黑籽南瓜的播种方法

（1）播种时间　西葫芦、黑籽南瓜两种苗子的茎粗基本相等时，比较易于嫁接。为确保适时嫁接，必须调整好两种种子的播种时间。比较恰当的播种方法是：先取黑籽南瓜种，在阳光下晒几个小时，然后放在 70℃ 的热水中浸种，不停的搅动，直到水温降到 15℃ 时，搓掉种皮上的黏液，再换上 15℃ 的温水，浸泡 12 小时。然后捞出，放在消过毒的湿布中（外包一层地膜），放在 29℃ 的环境中进行催芽。

当黑籽南瓜有 50％ 的种子露白时，马上浸泡西葫芦种。先将晒过的西葫芦种子放入55℃的温水中不停的搅动，直到温度降到15℃，用手搓掉种皮上的黏液，再换上15℃的温水浸泡8小时，捞出，与黑籽南瓜种一起，播入各自的苗床。

（2）播种方法　先将苗床灌透水，水渗掉2/3时，将种子逐个撒在苗床上。黑籽南瓜的距离大体在1～1.5厘米，西葫芦种的距离是2～3厘米。种子撒完以后，覆土，厚度掌握在2.5厘米。覆土盖完后，荡平苗床，喷农药防止地下害虫。然后盖上地膜，地膜以上再盖拱膜。拱棚内温度控制在29～31℃，经常观察苗床，视出苗情况进行两种拱棚的温度调节，使两种苗同时出齐。

5. 嫁接的最佳时期　两种苗子都有2/3出苗时，揭去地膜，撤去拱膜，适当通风炼苗，使苗子健壮。待两种苗子的子叶接近平展（呈 V 型形状）、真叶未露时，正是嫁接的最好时间。如果错过这个时机，西葫芦苗茎空，嫁接成活率低。在培育苗子的过程中，由于这时气温很高，苗床水份蒸发快，如果发现有"干皮"现象，可在清晨用喷雾器或喷壶洒水，保持苗床土壤湿润。临到嫁接，要提前准备好需用的工具，如刮脸刀片、竹签、嫁接夹子、水、铁铲、盖嫁接苗的薄膜等。嫁接时，无论苗子多少，要求一天嫁接完，假若等到第二天，西葫芦苗茎可能会空，嫁接不易成活。

6. 嫁接技术要点

（1）嫁接方法　多用靠接法。靠接操作简单，容易掌握，成活率高。具体操作规程是：用竹签将两种苗子取出，以南瓜作砧木，先将南瓜苗的顶心剔除，从子叶下方1厘米处，自上而下割一半深，刀口要适当长一点，割完后轻轻握于左手。再取西葫芦苗从子叶下方1.5～2厘米处，自下而上割一半深，刀口也要适当长一点，然后把两棵苗子的切茬对好，夹上嫁接夹子，立即栽植到第三个苗床。

嫁接时应注意的问题是：嫁接速度要快，切茬要对准，夹子要夹西葫芦的一面，接好的苗子立即进行栽植，边栽边盖拱棚膜。

（2）嫁接苗栽植 用小铁铲在育苗床按东西向，以15厘米的株行距，开5厘米深的沟，浇足水。水渗到2/3时，把嫁接苗的两条根轻轻按入泥土中，注意把两条根分开，然后把沟填平（不要埋住嫁接夹，刀口绝对不能溅上水或沾上泥），边栽边盖拱棚膜，温室顶放草帘遮荫。嫁接苗床内温度掌握在25～30℃。

嫁接苗栽植时要注意：①嫁接夹子的方向要一致，这样便于断根。②土不要埋住嫁接夹，否则，西葫芦很快生出次生根，排斥了嫁接作用，达不到嫁接目的。③嫁接苗在管理中，如果出现"干皮"现象，需要浇水，可采用溜水的方法，切忌喷撒，以防水入伤口造成感染。④栽植后3天之内，最好不要浇水，以后注意通风炼苗。

7. 嫁接苗栽植后的管理 嫁接苗栽植后的管理是关系到成败的重要环节，万万不可掉以轻心。这段时间的要求是，认真按阳光强弱拉放草帘。阳光强时放，阳光弱时拉。因为这时嫁接苗既需要接受阳光制造营养，保证植株的生长和伤口愈合，同时又因为茎部部分被切断一半，营养导管还不通畅，致使水分和营养物质不能及时供给植株顶部生长的需要，所以这时最怕强阳光照射，如果光照强，温度高，伤口容易干燥，不但不易愈合，而且极易蔫头而死亡。正因为这一点，这个时期的管理方法是：看到嫁接苗蔫头，立即放草帘遮阴，如果不蔫头，即拉起草帘，接受光照。这段时间，拱膜上的水滴较多，注意不要用手拍拱棚膜，防止水滴落在苗子的刀口处造成感染。

嫁接苗栽植2～3天后，撒去拱棚膜。栽植9～10天后，可用刮脸刀片断掉西葫芦的根，断根3～5天，苗子长到4～5片真叶，已开始现花蕾，这时可进行温室移栽定植。

（二）嫁接苗的定植

首先按大行距 80 厘米、小行距 50 厘米的标准定点划线，用镢头划出 5 厘米深的沟，浇足水，把嫁接苗带土取出，按株距 50 厘米摆放在沟内。水渗完以后，用镢头起垄，用小铲拍实。垄高 25～30 厘米，但不要埋住嫁接夹。整个温室移栽完毕，立即覆盖幅宽 1.3～1.5 米的地膜，两边扯紧压实。盖地膜的方法是从一头开始，盖住两垄西葫芦，用刀片按东西向割开 5 厘米的小口，把苗子从口内取出，露出嫁接夹。盖完地膜，马上拉好吊苗铁丝，拴好吊绳，每垄苗子一根铁丝，每棵一根吊绳。

移栽过程中，应注意的问题是：①把嫁接苗土块取的高一些，以便使垄高达到 25～30 厘米。②地膜覆盖要求拉的紧，压的严，不露地面，以利提高地温，保持水分，并注意尽量少损伤叶片。

（三）定植后管理

嫁接西葫芦移栽定植以后，很快进入正常的生长，也相继进入前期和中后期管理。这段时间，如管理细致，西葫芦植株健壮，发育正常，可以获得较高产量，取得较高经济效益；若在管理上掉以轻心，麻痹大意，轻者使植株发育不良，重者前功尽弃，造成经济损失。

定植后管理，按西葫芦生长过程划分为前期管理（春节前）和中后期管理（春节后）。冬春两季气候差异很大，西葫芦各个生育阶段的需求条件也不一样，所以在管理措施上也不尽相同。

1. 前期管理　西葫芦移栽定植后进入缓苗期。在嫁接苗从苗床移栽到温室中的过程中，其根系会断掉或受伤，且所处的环境发生了较大变化，因此，在缓苗期内的首要任务是创造一个适宜的条件使其尽快生根。这段时间，温室内气温白天应保持在 25～30℃，夜间保持 18～20℃，并选晴天的上午，浇一次缓苗水以利保持湿度。缓苗期过后，要适当降低温度，白天气温保持在 20～25℃，夜间 11～14℃，降低夜温的目的在于防止秧苗发生徒长，以利雌花分化，早现雌花，早坐果。植株坐瓜以后，棚内气温可适当提高，白天气温控制在 25～28℃，夜间 15～18℃，以加速植株生长，提高产量。

元旦到春节这段时间，正是北方地区的蔬菜淡季，精细菜的消费量大，行情好、价格高，为适应市场需求，可根据单瓜的重量来确定是否采摘、销售。一般而言，当单瓜重 300～400 克时采摘最为适宜。如果采摘过晚，瓜条消耗营养过多，妨碍了植株发育。这一个阶段内，雪天、冷空气不断出现，要注意加强管理，确保植株正常生长，获取高产量、高效益。这一时段的管理要求是：延长光照，控制温度，适量浇水。要注意早拉晚放草帘（兼顾温度），尽量延长光照时间，如遇特殊气候变化，也可以在棚内安装灯泡，给西葫芦补充光照；无滴膜很容易沾上许多草屑、尘土，要坚持每 2～3 天擦拭一遍，保持无滴膜的透光率；为提高西葫芦叶片的光合效率，可以喷施光合促进剂。连续雪、阴天应该考虑利用电、炉火等方法为温室加温；除在晴朗天气坚持早拉晚放草帘以外，还要严格按照要求放风，棚内温度达不到 28℃不要开放风口（多云天气温度达不到 27～28℃时，要在 12 点以后放风，但要缩短放风时间），温度降到 23℃即迅速闭风口，使棚内尽可能多的积储热量，以抵御夜晚严寒；如果遇到过多的雨加雪严寒天气，有条件的要在草帘表面加盖一层塑料膜防寒、防雨、防雪、保温。

浇水既讲究方法、天气，也讲究浇水量。春节前后，棚内土壤水分含量保持 85％～90％，空气湿度白天保持 75％～85％，夜间 90％较为恰当。若西葫芦植株健壮不徒长、土壤中水分含量低于 85％，应注意收看天气预报，如果连续出现晴朗天气，可以浇一次足水，大沟小沟一块浇；如果气候出现大的变化，只能浇小沟，不浇大沟。若棚内土壤湿度过大，地温又偏低，很容易出现沤根和病害；而棚内空气湿度过大，叶片表面挂上一层水膜，这层水膜会干扰气体交换，阻碍光合作用，并使叶片蒸腾作用出现障碍，进而影响到整个植株养分和水分的吸收，长势减弱、发育不良，病害也随之而加重。因此在浇水时，要在晴天的上午浇，下午或者阴天不浇水；浇完水，尽快升温至28℃，然后排风降湿；浇水后，如果遇到阴天和雨雪天气，应施放烟雾剂杀菌防病。

整蔓是温室正常的田间管理措施。西葫芦嫁接技术所采用的是吊绳法，这样能最大限度的利用棚内空间、光照，加速生长，提高产量。但是西葫芦之间长势不尽一致，有高有矮，需要通过整蔓，使整个群体长势一致，做到互不遮光。一般情况下，当主蔓爬到高度1.6米时，即可落蔓一次，每次落蔓都要打去底部老叶，并带出棚外销毁；打老叶或采收瓜条时，要注意使伤口离主蔓稍远一点，以免造成感染，烂断主蔓。

保花保果也是这一阶段的主要任务之一。可进行人工授粉或采用激素处理。人工授粉时，于每天上午8～9时，采下刚刚开放的雄花，去掉花瓣，把雄蕊的花粉轻轻涂在雌花的柱头上即可。激素处理，可用40～80毫克/升的2，4-D液涂抹雌花柱头，也能起到保花保果的作用。若在人工授粉后的第二天，再用2，4-D处理瓜把和柱头，效果更佳。

2. 中后期的管理　进入阴历2月份，随着天气转暖，温室嫁接西葫芦进入盛产期，对水肥的需求量加大；同时，随着浇水次数增多及光照、温度、湿度变化的影响，病虫害有所加重。这一阶段，要肥水齐攻，并防除病虫害。每次浇水前，先把所需追的肥料放在容器中溶化，浇水时随水浇入。注意不要浇清水，每次浇水都带肥；其次，要根据长势，适时追施叶面肥，以满足其生长的需要。

西葫芦比较特殊，其生长发育需要充足的二氧化碳，二氧化碳浓度一般以1 000～1 600毫克/升为宜。在冬暖式温室中，若有机肥充足，夜晚分解的二氧化碳会不断增加，晚 10~12 点时，二氧化碳含量能增加到 800~1 000 毫克/升，这个含量能维持至天亮；草帘拉开以后，阳光照射到棚内，温室内的温度升高，二氧化碳的含量急剧下降，至上午 10 点以前，棚内二氧化碳含量已降到自然大气的含量（300 毫克/升）以下；温室开始放风以后，棚内棚外的气体互相流通，二氧化碳含量与大气平衡。

因此，要注意施用二氧化碳气肥，以满足西葫芦生长发育的要求。随着科技进步，补充二氧化碳的方法也在不断改进。常用的主要有以下几种：

（1）燃烧法　通过二氧化碳发生器燃烧煤、液化石油气、丙烷气、天然气、白煤油等产生二氧化碳。当前欧美国家的设施栽培以采用燃烧天然气增施二氧化碳较普遍，而日本较多地采用燃烧白煤油增施二氧化碳。

使用煤作为可燃物时，一定要选择含硫少的煤种，避免燃烧时的其他有害气体对西葫芦产生不利影响。

（2）化学反应法　即用酸和碳酸盐类发生化学反应产生二氧化碳。目前较多采用稀硫酸和碳酸氢铵，在简易的气肥发生装置内产生二氧化碳气体，通过管道将其施放于设施内。每 666.7 平方米的标准大棚（容积约 1 300 立方米）使用 2.5 千克碳酸氢铵可使二氧化碳浓度达 900 毫克/升左右。该法成本较低，二氧化碳浓度容易控制，目前在我国的设施栽培中运用较多。

（3）有机物发酵法　人、畜粪便、作物秸秆、杂草茎叶等进行发酵时产生二氧化碳气体，简单易行，成本低，但二氧化碳释放量不易调节控制，难以达到应有的浓度要求。

（4）纯气源法　生产酒精等化工产品时产生的副产品二氧化碳气体，以钢瓶压缩盛装，优点是气源较纯净、施用方便、效果快，易于控制用量及施用时间，但成本较高。

（5）施用颗粒有机生物气肥法　将颗粒有机生物气肥按一定间距均匀施入植株行间，施入深度为 3 厘米，每次每 666.7 平方

米约 10 千克，保持穴位土壤有一定水分，使其相对湿度在 80%
左右，利用土壤微生物发酵产生二氧化碳，一次有效期长达 1 个
月。该法无需二氧化碳发生装置，省工省力，使用较为简便，效
果较好，是一种较有推广和使用价值的二氧化碳施肥新技术。

追施二氧化碳应掌握的原则和注意事项：一是要在西葫芦坐
果后施用，随着叶面积系数的扩大逐步增加。二是深冬季节，地
温低于 13℃时不宜施用；春节后地温增高，西葫芦高产期可适
当多施。三是挂果多时适当多施，如果营养生长过旺，结果较少
时要少施或不施。四是要在晴暖天气施用，阴雨天不宜施。五是
在每天上午拉开草帘后半小时到 1 小时开始施用。六是于年前年
后施用，可连续施用 50～70 天，其他时段一般不施用。

第四节　西葫芦间作套种栽培

一、西葫芦套种玉米

甘肃省高台县农民利用塑料大棚、日光温室进行西葫芦套种
玉米栽培，获得了可观的经济效益。

（一）品种选配

西葫芦选用早熟、直立、结瓜性能好、抗寒、抗病的品种；
玉米选用早熟、高产的品种。

（二）早育壮苗

日光温室内栽培两茬西葫芦、一茬玉米，头茬西葫芦在 9 月
上旬育苗，二茬于 12 月中旬育苗。塑料大棚内栽培一茬西葫芦、
一茬玉米，西葫芦在元月下旬育苗。

育苗用的营养土配制比例为园土 60%、腐熟农家肥 30%、腐
熟鸡粪 10%；将各种成分砸细过筛，充分混匀，装入 10 厘米×

10 厘米的营养钵或直接铺于苗床，苗床内事先划成的 15 厘米×15 厘米的小块，整平表面，灌足底水，待水渗下后即可播种。播种量 666.7 平方米 400～500 克。

将种子精选后，用 55℃的热水烫种，并不断搅拌至温度降低到 30℃左右时，再浸泡 4 小时，然后在 25℃左右温度下催芽，待种子露白后，播种在准备好的营养钵或苗床的小块中央。育苗期温度，白天保持在 20～25℃，夜间 10～15℃，超过 25℃时应放风，降到 18～20℃时停止放风。定植前 7～10 天，对幼苗进行低温锻炼，温度最低可降至 5℃。若用黑籽南瓜与西葫芦进行嫁接育苗，其效果更佳。

（三）整地施肥、播前作垄

前茬秋收后，及时深翻晒地，10月上旬整地，作南北向垄，大垄沟上宽 80 厘米、深 20 厘米，小垄沟上宽 60 厘米、深 15 厘米；结合作垄，666.7 平方米集中施入腐熟优质猪、羊粪 7 000～10 000 千克、磷酸二铵 50 千克、尿素 30 千克；拍光垄埂，铺膜，灌水后待定植。

（四）定植与播种

日光温室头茬西葫芦于 10月上旬定植，二茬于元月中旬定植（定植在头茬西葫芦株间）；塑料大棚于 3月 10日左右定植。株距 50 厘米，三角形定植，666.7 平方米栽植 1 400～1 500 株，于晴天定植，选择优质苗，将带土坨的苗放入打好的穴中，灌足扎根水，水渗后再覆土封穴。定植后立即扣小拱棚和大棚。

西葫芦采收后期（5月中旬），在畦中间点播 2 行玉米，行距 30 厘米、株距 18 厘米，666.7 平方米保苗 4 000 株。

（五）田间管理

西葫芦定植后的缓苗阶段，要适当提高温度，一般控制在

30℃左右；缓苗后温度保持在 20～25℃。前期控制灌水；5～6片真叶时，灌第一次水；当形成根瓜后，666.7 平方米追施尿素20 千克，以后每隔 15～20 天灌水、追肥 1 次，共 3 次。3 月底拆除小拱棚，5 月底拆除大拱棚。为提高坐瓜率，需进行人工辅助授粉或用 100～150 毫克/升的 2,4‑D 药液蘸花。

西葫芦于 6 月上旬及时收获，清除枝蔓。及时给玉米追肥，666.7 平方米追施尿素 20 千克，然后灌水，此后每隔 15 天追肥1 次，共 3 次，666.7 平方米累计追施尿素 60 千克。另外，在生长期内，应及时除草、防治病虫害。其他管理措施按玉米高产田管理标准进行。

二、日光温室西葫芦套种苦瓜

北京等地利用日光温室进行西葫芦与苦瓜套种栽培，提高了日光温室的利用率，也显著增加了种植效益。

（一）西葫芦栽培

西葫芦与苦瓜套种栽培模式中，西葫芦多进行嫁接栽培。

1. 品种选择 接穗选用抗病、高产、耐低温的西葫芦品种，如法国纤手等。砧木选用云南黑籽南瓜。

2. 时间安排 一般于 9 月上旬，日光温室盖膜进行高温闷棚，9 月中旬育苗嫁接，10 月中旬定植，来年 3 月底前后拉秧。

3. 育苗嫁接

（1）苗床制作 用多年未种过瓜类蔬菜的肥沃田园土 6 份、充分腐熟的有机肥 4 份，同时每立方米营养土再加入磷酸二铵1.0 千克、50% 多菌灵 150 克，土肥充分混匀后，在温室做成长6.0 米、宽 1.2 米、高 1.0 米的苗床 11 个（西葫芦 8 个，苦瓜 3个）。

（2）接穗播种 将西葫芦种子用 10% 磷酸三钠溶液浸泡 20

分钟，取出洗净后，在温水中浸泡 4～6 小时后催芽。

播种时，先将苗床浇足水，将出芽的种子按间距 1.0～1.5 厘米播种，覆土 1.5 厘米，然后喷 72.2% 普力克水剂 600 倍＋5% 辛硫磷乳油 800 倍混合液，最后覆地膜，保持地温在 18～25℃，最高不超过 28℃，一般 3～4 天出齐苗。

（3）砧木播种　种子采取温汤浸种法杀菌，再浸泡 7～8 小时后，同接穗一天播种，播种方法同接穗。但覆地膜后须搭小拱棚，保持地温 25～28℃，最高不超过 30℃。一般 5～6 天可出齐苗。

（4）嫁接　砧木子叶展平后，即可进行嫁接。嫁接采取靠接法，首先将温室上部草苫放下遮阴。取出砧木去顶心，并在砧木一侧，自生长点下 1 厘米处自上而下按 45°角斜切 0.6～1 厘米长的切口，深达胚轴直径的 2/3；取接穗，在接穗第一片真叶正下方 1.5 厘米处按 40°角自下而上斜切 0.6～0.8 厘米的切口，将接穗舌形楔插入砧木切口中对齐，随即用嫁接夹固定，然后按株行距 10 厘米移栽于苗床，培土浇透水，搭小拱棚保温保湿。

（5）嫁接后的管理　嫁接后前 3 天，小拱棚不放风，嫁接苗只利用早晨、傍晚拉草苫见光。3 天后小拱棚开始由小到大逐渐放风，嫁接苗见光时间逐渐延长，5～6 天后全天见光，控制温度在白天 25～30℃，夜间 16～18℃，空气相对湿度 90% 以上，10～12 天后撤掉小拱棚，浇一次小水，并适当降温 2～4℃，当苗 4 叶 1 心时即可定植。定植前将接穗根部断掉。

4. 定植　定植前，666.7 平方米施优质腐熟圈肥 8 000～10 000 千克、生物肥 3 千克、磷酸二铵 50 千克、氮磷钾复合肥 50 千克、硫酸钾 30 千克，深耕两遍，使土肥混合均匀，按大行距 80 厘米、小行距 40 厘米，做成高 10～15 厘米的南北向垄，每垄栽 1 行，株距 55 厘米，栽后浇水，3～5 天后覆地膜，每 666.7 平方米定植 2 000 株。

缓苗后，控制浇水，温度保持白天 24～27℃，夜间 12～

16℃，当株高 30 厘米时进行吊蔓。

5. 结瓜期管理　西葫芦进入结果期后，要加强温度管理。特别是伴随冬季的到来，要采取晚拉早放草苫，或草苫外加一层膜，或双苫双膜，进行保温，为其生长创造适宜的温度。花期采取人工授粉或用 20～30 毫克/升的 2,4-D 涂抹雌花柱头和瓜柄。待根瓜 70％坐瓜后结合膜下暗浇，每 666.7 平方米追施氮、磷、钾复合肥 30 千克，以后随坐瓜的增加及天气情况，每隔 7～15 天浇一次肥水。注意及时打杈，去畸形瓜、卷须及老叶。根瓜宜早采收，以后视瓜秧、天气及客户需求适时采收。

6. 病虫害防治　坚持"预防为主，防治结合"的原则。西葫芦易发病害有病毒病、灰霉病、白粉病。病毒病可用 3.85％病毒必克 500 倍液或植病灵 800 倍液喷雾防治。灰霉病采取"拿花法"防治，即在雌花授粉或蘸花后 3～4 天，用手轻轻地将蔫花拿下即可避免发病，也可用 40％施佳乐悬浮剂 600 倍液喷雾防治。白粉病用 40％福星乳油 6 000 倍液。白粉虱、蚜虫用 25％阿克泰水分散粒剂 5 000 倍液。茶黄螨用 20％螨克乳油 1 000 倍液喷雾防治。

（二）苦瓜嫁接栽培

1. 品种选择　接穗选用耐热、抗病、高产、且具有一定耐寒力的苦瓜品种，如长绿、短绿等。砧木为黑籽南瓜。

2. 时间安排　同西葫芦，即 9 月中旬育苗嫁接，来年 7～8 月份拉秧。

3. 育苗嫁接　基本同西葫芦。但有三点不同：一是接穗种子外壳较厚，须浸种 10～12 小时后催芽；二是接穗须提前 4～5 天播种；三是接穗根不断，双根生长。

4. 定植至 3 月份前管理　按株距 1.5～1.7 米定植于西葫芦垄上，每 666.7 平方米定植 500～600 株。

定植后的管理以西葫芦为主，苦瓜只注意瓜蔓调整，适时吊

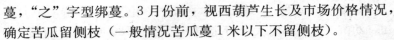

蔓，"之"字型绑蔓。3月份前，视西葫芦生长及市场价格情况，确定苦瓜留侧枝（一般情况苦瓜蔓1米以下不留侧枝）。

5. 3月份以后的管理 此期管理已由西葫芦为主逐渐转移到以苦瓜为主上来，到3月底，视西葫芦的生长及市场价格确定是否拉秧。

（1）温度管理 随气温升高，逐渐加大通风量，到5月下旬，实行昼夜通风，并在通风口提前安装防虫网，保持白天25～32℃，最高不超过40℃，夜间15～20℃。

（2）肥水管理 随产量的增加，加大肥水供应，每666.7平方米追施氮、磷、钾复合肥25～30千克，每隔4～6天浇一次水，隔水追一次肥。

（3）植株调整 主侧蔓结瓜，不用摘心，结合绑蔓，掐卷须、去雄花、剪除细弱或过密的枝蔓。

（4）保花保果 苦瓜虽具有单性结实能力，但为提高坐瓜率，须进行人工授粉。

（5）病虫害防治 苦瓜病虫害主要有：白粉病、白粉虱、蚜虫、菜青虫。菜青虫可用Bt乳剂500倍液防治，其他防治同西葫芦。

（6）采收 以采嫩瓜为主，开花12～15天即可采收，过老失去商品价值。

三、西葫芦套香椿

山西等地运用西葫芦套种香椿模式进行秋冬温室栽培，收获时正值元旦、春节，经济效益显著。

（一）西葫芦的栽培

1. 选用品种 选用丰产抗病、株形矮小紧凑、雌花节位低的品种。

2. 育苗与定植 一般 10 月上旬，采用营养钵育苗；10 月中旬，幼苗三叶一心时大小行定植，大行距 180 厘米，小行距 50 厘米，株距 45 厘米。定植前，施足基肥，整地做畦，每 666.7 平方米施腐熟有机肥 4 000～5 000 千克、复合肥 40～50 千克，并施入 0.5～0.75 千克的矮丰灵防止徒长化瓜。

3. 定植后的管理 定植后，室内温度白天 18～25℃，夜间 8～15℃。生长前期控水蹲苗，土壤相对湿度以 70%～80% 为宜。

生长期内，及时防治病虫害。用 50% 速克灵 800～1 000 倍液，或 70% 甲基托布津 800～1 000 倍液防治菌核病；或用克毒灵 500 倍液防治病毒病等。

花期可用 20～30 毫克/升的 2,4-D 溶液涂抹雌花柱头，或进行人工授粉，提高坐果率。结合浇水，勤施少施肥，并叶面喷肥。浇水应选择晴天，浇瓜不浇花。采取吊蔓调整植株，及时摘除下部老、弱、病叶及侧蔓和卷须。在温度高时及盛果期多施肥，元旦前后瓜成熟及时采收。

（二）香椿栽培

香椿栽植宜用大田移植苗，定植前对大田苗先假植 30～35 天。11 月中旬，在大行内南北定植 2 行，高株在北，矮株在南，行距 30 厘米，株距 20 厘米。浇足定植水。待香椿芽萌动 5～7 天，可向植株上喷少许 20～25℃的温水；待香椿长至 10～15 厘米长时，喷施 0.2% 磷酸二氢钾溶液；当香椿芽长到 20～30 厘米时采收。每隔 15～20 天采收一次，连续采收 3 次～4 次，4 月移入大田。

四、日光温室番茄、西葫芦立体种植

山东省莒县等地调整日光温室瓜菜种植结构，进行一年两季

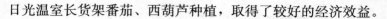

日光温室长货架番茄、西葫芦种植，取得了较好的经济效益。

（一）种植规格

以 1.8 米为 1 条带，8 月中旬将已育好的番茄壮苗定植到日光温室内，12 月下旬开始收获番茄，第二年 2 月上旬番茄收获完毕。12 月上旬，西葫芦开始播种育苗，1 月上旬套种到番茄垄外侧，2 月下旬开始收获，5 月上旬收获完毕。

（二）搭配品种

为充分发挥良种的增产潜力，番茄选用商品性状好、产量高的美国品种，如好韦斯特；西葫芦可选用早青 1 代等。

（三）定植前准备

深耕土地 30 厘米，结合耕翻，每 666.7 平方米施充分腐熟的农家肥 6 000 千克、氮磷钾复合肥 100 千克。定植前 10 天盖大棚膜。为防害虫危害，应在大棚防风口处加盖防虫网。

（四）番茄管理

将已育好的番茄壮苗按大小行定植，大行距 100 厘米、小行距 80 厘米、株距 37 厘米，每株留 7 穗果，打顶，每穗果留大小一致的 5 个果。定植后 3～5 天浇缓苗水，第 4 穗果坐稳后，结合浇水追第 1 次肥，随水追施三元复合肥 15 千克、硫酸钾 10 千克、尿素 5 千克，以后根据番茄市场价格确定追肥的数量和次数，番茄市场价格高时多追肥、勤追肥。温室内温度白天保持在 25～28℃，夜间不低于 15℃。发生灰霉病时，用 50％速克灵可湿性粉剂 600 倍液防治；发生病毒病时，用 20％盐酸吗啉胍·铜 500 倍液喷雾防治。发现蚜虫时，悬挂黄色粘虫板诱杀，或用阿立卡、阿克泰或吡虫啉等喷雾。

（五）西葫芦管理

在番茄垄的外侧套种两行西葫芦，西葫芦小行距 80 厘米、穴距 45 厘米。前期控制浇水，当第 1 个瓜长到 6～10 厘米时，结合浇水，每 666.7 平方米追施复合肥 10 千克。白天温度 25～30℃，夜间 15～20℃。西葫芦以嫩瓜出售为主，采收初期，当嫩瓜长到 250 克左右时，适时采收；若采收过晚，会出现坠秧现象，影响植株的生长和坐果，降低产量，尤其长势弱的植株，更要适时早收。结瓜盛期，西葫芦长到 350～500 克时应及时采收。发生病毒病，用 20% 病毒 A 500 倍液喷雾；发生白粉病，用好力克、烯唑醇、粉锈宁、武夷霉素等喷雾防治。

五、小麦、西瓜、棉花、西葫芦套种

"四种、四收栽培模式"是河南省扶沟县菜农和技术员在生产实践中探索的多熟套种模式。该模式主要利用作物的生长习性、不同的成熟期以及作物间的空当，进行合理密植，达到土地利用的最大化，实现增收。

（一）茬口安排

于 10 月中下旬种植小麦，次年 4 月下旬移栽西瓜，5 月上旬移栽棉花（辣椒），6 月上旬收获小麦，7 月下旬收获西瓜，8 月下旬西瓜拉秧后及时在空当中定植西葫芦（西兰花、花椰菜、结球甘蓝），10 月中下旬棉花（辣椒）收摘后及时种植小麦，西葫芦（西兰花、花椰菜、结球甘蓝）收摘后作为次年的西瓜空当，完成周年种植。

（二）种植方法

1. 小麦 于 10 月上旬整地，666.7 平方米施农家肥 4～6

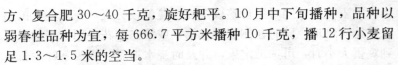

方、复合肥 30～40 千克，旋好耙平。10 月中下旬播种，品种以弱春性品种为宜，每 666.7 平方米播种 10 千克，播 12 行小麦留足 1.3～1.5 米的空当。

小麦生长期间，在无雪雨情况下，12 月中旬冬灌，冬前除草。次年 3 月份，浇返青水和追肥，666.7 平方米施尿素 10～15千克，5 月份浇灌浆水，6 月份收获。

2. 西瓜

（1）**育苗**　有籽西瓜 3 月中、上旬育苗，无籽西瓜 3 月下旬至 4 月上旬育苗。有籽西瓜以庆发 8 号、郑杂、京欣 1 号为主，无籽西瓜以黑蜜 2 号为主。育苗可用营养基质和营养钵嫁接育苗。有籽西瓜选择葫芦籽，无籽西瓜选择黑、白南瓜籽。育苗时，西瓜要比砧木晚播 5～7 天，当砧木苗即将出叶时，开始播西瓜种子，当西瓜苗叶片刚要展开时，开始嫁接。

嫁接后的前 3 天，注意保温保湿，晴天遮阴，防止日光直射苗床，温度保持在 25℃左右，空气湿度 90％以上；3 天后可逐渐见光，并适当通风降温；5～7 天后，苗可全天见光。当苗长到三叶一心时（嫁接后 30 天），即可定植。苗期要防止猝倒病和伤口感染。

（2）**定植**　4 月中旬，在小麦空当内每 666.7 平方米施农家肥 3～4 方，硫酸钾复合肥 40 千克，锌、铁各 1 千克，硼 2.5 千克，饼肥 50 千克，旋好耙平以中线为界，两边分别起垄，垄高25 厘米，垄上覆盖地膜。有籽西瓜 4 月下旬定植，666.7 平方米定植 700～800 株为宜。定植时，在覆好地膜的垄上两边各栽一行西瓜，距小麦垄 40～50 厘米，行距 20 厘米，以作追肥、浇水、打药的作业道，株距 50 厘米。无籽西瓜 4 月底至 5 月初定植，株距 70～80 厘米，666.7 平方米定植 500 棵为宜。

（3）**田间管理**　定植后到麦收，以中耕除草为主，并防止茎基腐病、疫病、炭疽病和蚜虫的发生；如出现旱情，应及时浇水，每下一次雨后，及时防病一次。麦收后，及时把瓜秧顺向空当内的麦茬上，同时进行整枝，以三蔓整枝为宜，在瓜蔓上留第二或第三雌瓜，同时在侧蔓上选第一或第二雌花备用。当幼瓜长到鸡蛋大小时，可选瓜定果，并及时浇水追肥。因为茎叶生长需要氮肥和钾肥，因此施肥以复合肥为主，以提高含糖量。无籽西瓜需要人工授粉，授粉的适宜温度在 18～32℃。

7 月下旬至 8 月初拉秧。

3. 棉花（辣椒）

（1）**育苗**　棉花可用营养钵育苗，育苗时间应在 3 月下旬，品种选择杂交棉（辣椒育苗时间在 3 月下旬至 4 月上旬）。

（2）**定植**　5 月上旬，在西瓜行间移栽 2 行棉花（辣椒），株距 33 厘米，666.7 平方米定植 1 200 棵左右。移栽时，尽量远离西瓜根部。

（3）**田间管理**　麦收后，及时追肥提苗，666.7 平方米施尿素 10 千克，7 月下旬追施复合肥 25 千克，整枝打杈，防倒伏。

4. 西葫芦（西兰花、花椰菜、结球甘蓝）

（1）**育苗**　西葫芦 7 月下旬至 8 月初营养钵育苗，8 月上旬定植。苗期由于高温高湿，猝倒病发生率很高，可用适乐时进行拌种，病害发生时注意及时防治。

（2）**定植方法**　西瓜拉秧后，在空当内施肥，把地整平后起垄，栽 2 行西葫芦（或 3 行西兰花、花椰菜、结球甘蓝）。

西葫芦行距 29 厘米、株距 33 厘米，每 666.7 平方米栽 1 300 棵左右（西兰花、花椰菜、结球甘蓝行距 40～50 厘米、株距 40 厘米，666.7 平方米栽 1 500 棵左右）。定植后，正是高温多雨季节，应注意茎基腐病的发生，可喷施恶霉灵或普力克防治，每 3～5 天 1 次，连喷 2～3 次。

定植后，注意中耕除草，除去茎基部的枝杈，西葫芦应人工授粉。

第五节 西葫芦的病虫害防治

一、病害

西葫芦主要病害有西葫芦白粉病、西葫芦褐斑病、西葫芦灰霉病、西葫芦绵腐病、西葫芦花叶病毒病等。

（一）西葫芦灰霉病

1. 症状和流行规律 病菌先侵染凋谢的花朵，长出灰色霉层后，再侵入瓜条，造成脐部腐烂，受害瓜迅速变软，萎缩腐烂。病部密生灰色霉层，染病的花落到叶片上，可引起叶片发病，产生大型枯斑。病斑近圆形至不规则形，边缘明显，表面生有少量灰霉。茎蔓受害，可引起局部腐烂，严重时使茎蔓折断，整株死亡。病原真菌以菌丝或分生孢子或菌核的形式遗留在土壤中或附着在植株的病残体上越冬，分生孢子借气流、雨水、田间农事操作传播。环境温度低于 20℃时发病严重，植株密度大，通风不良，湿度高发病也重。一般在 12 月份至翌年 5 月，气温在 20℃左右，相对湿度在 90％以上容易发病。如遇连续阴雨天较多的年份，气温偏低，通风不及时，棚室内湿度大，易使灰霉病发生和流行。

2. 防治方法

（1）农业防治 加强田间管理，创造有利于西葫芦生长的环境条件。控制棚室内的湿度、温度，注意通风透光，减少对灰霉病发生有利的因素。清洁田园，彻底清除上茬植株病残体。发病初期，趁病部未长出灰霉病斑之前及时摘除病叶、病瓜和病花（包括雄花在内），以防止病菌扩散，并将病残体带出棚室外深埋。

（2）药剂防治 未发病前，对植株可用 70％丙森锌（安泰生）800 倍液，或 70％代森锰锌可湿性粉剂 500 倍液或 1：1：200 倍的波尔多液喷洒，进行预防。发病初期，摘除病瓜、病叶后，采用药剂防治，每 666.7 平方米用速克灵烟剂 250～300 克熏烟，也可用 5％灭克粉尘 1 000 克或 10％灭霉灵粉尘喷撒，或选用 50％速克灵可湿性粉剂 1 500 倍液或 50％多霉灵可湿性粉剂 1 000 倍液或 65％瑞毒霉可湿性粉剂 1 000 倍液进行喷雾，每隔 5～7 天喷 1 次，连喷 3～4 次。

注意药剂要交替使用。

（二）西葫芦白粉病

1. 症状和流行规律　苗期到成株期均可发病，主要为害叶片，其次是叶柄和茎，果实很少受害。发病初期，叶片正面和背面出现白色小霉点，以叶正面为多，其后向四周扩展成边缘不清晰的连片白粉斑，严重时整个叶片布满白粉。发病后期，白色的霉斑因菌丝老熟变为灰色，在病斑上生出黄褐色小粒点，后小粒点变黑。白粉病一般是从中老叶先发病，然后向上部新叶扩展，最后蔓延整个植株。病原真菌田间再侵染主要靠发病后产生的分生孢子借气流或雨水传播。在 10～25℃均可发病。较高的湿度有利于孢子萌发和侵入。高温干燥有利于分生孢子的繁殖和病情扩展。尤其当高温干旱与高湿条件交替出现，又有大量白粉菌源及感病寄主，此病即大发生。

2. 防治方法

（1）大棚或日光温室

①大棚扣膜时最好采用质量较好的无滴膜。严禁采用半无滴膜和有滴膜，以减少棚内的相对湿度。

②西葫芦白粉病的物理防治。控制棚内湿度，早放风，晚排湿，排出棚内湿气。喷一些叶面肥如"益微"，也可使植株健壮，减少白粉病的发生。

③西葫芦白粉病的化学防治。发病初喷 10％世高 2 000 倍

液，或 25％阿米西达 1 500 倍液，或 20％三唑酮（粉锈宁）乳油 2 000 倍液，或 40％多硫悬浮剂 600 倍液，或 2％抗霉菌素（农抗 120）水剂 200 倍液。

（2）露地

①选用抗病品种。播种前用新高脂膜拌种驱避地下害虫，隔离病毒感染，提高种子发芽率；培育壮苗，定植时施足底肥，增施磷、钾肥，避免后期脱肥，同时喷施新高脂膜 800 倍液防止病菌侵染，提高抗自然灾害能力，提高光合作用强度，保护秧苗苗壮成长。

②加强田间管理。生长期注意通风透光，适时浇水追肥、中耕除草，在西葫芦开花期、幼果期、果实膨大期各喷洒壮瓜蒂灵一次，增粗瓜蒂，强化营养输送量，促进瓜体快速发育和瓜型漂亮，实现西葫芦高产优质。

③药剂防治。发病初期，针对性喷施药剂进行防治，并配合喷施新高脂膜 800 倍液增强药效，提高药剂有效成分利用率，巩固防治效果。

（三）西葫芦绵腐病

主要危害果实，也可危害叶、茎及其他部位。果实发病初期形成水浸状圆形或不规则形病斑，边缘不明显，病斑迅速扩大，导致果实腐烂，而且病部表面密生绵絮状白霉。本病在成株期多危害果实，而且病果变黄褐色，病部长出毛绒状白霉，可与疫病、炭疽病相区别。

病原菌为瓜果腐霉真菌。病菌卵孢子借雨水或灌溉水传播，侵害果实。露地西葫芦夏季多雨季节易发病，地势低洼、地下水位高、雨后积水时病重。保护地西葫芦在灌水过多、放风排湿不及时、温度高时发病重。

保护地栽培西葫芦应注意控制田间湿度，防止大水漫灌，采用高畦地膜覆盖栽培，并做好放风排湿工作。发病初期及时用药

防治，可喷布 14%络氨铜水剂 300 倍液，或 72.2%普力克水剂
400 倍液，或 25%甲霜灵可湿性粉剂 800 倍液要重点喷布植株下
部果实和地面，7~10 天 1 次，连续防治 2~3 次。

（四）西葫芦褐斑病

1. 症状　主要发生在叶片上，自下而上发病，病斑圆形，
中间黄白色，边缘黄褐色。叶面病斑稍隆起，表面粗糙，叶背面
水渍状，有褪绿晕圈。

2. 发病条件　病菌在种子上或病残体上存活，随气流和浇
水传播。高温、高湿造成病害流行。

3. 防治方法

（1）种子消毒处理　用 55℃温水浸种 15 分钟，加强通风
散湿。

（2）药剂防治　可用 40%福星（氟硅唑）8 000 倍液，或
43%戊唑醇（好力克）3 000 倍液，或 10%世高（恶醚唑）2 500
倍液，或"海状元 818"植物卫士 600~800 倍液＋75%百菌清
600 倍液或 50%扑海因 500~800 倍液或 50%倍得利 500 倍液混
合喷施，每 7 天喷一次，连喷 2~3 次。阴雨天，可用 40%百菌
清烟剂或 5%百菌清粉尘剂。

（五）西葫芦病毒病

1. 症状和流行规律　西葫芦病毒病由于病原种类不同，症
状表现也有差别，有皱缩型、花叶型及二者的混合型。黄化皱缩
型，自幼苗到成株均可发病，植株上部叶片先表现沿叶脉失绿，
并出现黄绿斑点，以后整叶黄化，皱缩下卷，病株节间短缩、矮
化。未枯死的植株后期花冠扭曲畸形，色较深，雌蕊柱头变短、
扭曲，大部分不结瓜，或结瓜小而畸形。花叶型是自幼苗出现
4~5 片真叶开始发病，新叶出现明脉及褪绿斑点，后来表现为
花叶，严重时顶叶畸形，变为鸡爪形状，病株矮化，不结果或果

实表皮呈花斑瘤状突起，全瓜变形。西葫芦发生病毒病会严重减产。病毒一般是由种子带毒而引起，由蚜虫、白粉虱及农事操作进行传播。一些多年生田间杂草是黄瓜花叶病毒多年生宿主，有的又是蚜虫越冬场所。春季在这些杂草上繁殖后，随着迁飞直接将病毒传到附近西葫芦田，通常在田边、地头首先发病。高温、干旱、光照强的条件下发病严重。

2. 防治方法

（1）农业防治　种子用10％磷酸三钠溶液浸种20分钟，再用清水冲洗干净后，催芽播种；增施有机肥，早种早收，避开蚜虫及高温和发病盛期；苗期少浇水、勤中耕，促进早发根早缓苗，提高植株抗性；结果期肥水和温湿度调节要适宜，防止植株早衰；早期发现病株，及时拔除销毁，打杈、摘瓜时注意防止病毒传播。生长期间注意防治蚜虫传毒。

（2）药剂防治　病毒病目前尚无理想的防治药剂，可试用以下三类阻止剂。一是病毒的钝化物质，如豆浆、牛奶、鱼血等高蛋白物质，清水稀释100～200倍液喷于植株上，可减弱病毒的侵染能力，钝化病毒。二是保护物质，例如褐藻酸钠（海带胶）、高脂膜等喷于植株上形成一层保护膜，阻止和减弱病毒的侵入。三是增抗物质，被植株吸收后能阻抗病毒在植株体内的运转和增殖。如发病初期喷施83增抗剂200倍液，或病毒A可湿性粉剂500倍液，或5％菌毒清水剂300倍液防治，或1.5％的植病灵乳剂1 000倍液，7～10天喷1次，连喷2～3次。

二、虫害

（一）蚜虫

危害西葫芦的蚜虫为瓜蚜，又称腻虫或蜜虫等。分有翅、无翅两种类型，体色为黑色，以成蚜或若蚜群集于西葫芦叶背面、嫩茎、生长点和花上，用针状刺吸口器吸食植株的汁液，使细胞受到破坏，生长失去平衡，叶片向背面卷曲皱缩，心叶生长受阻，严重时植株停止生长，甚至全株萎蔫枯死。蚜虫为害时排出大量水分和蜜露，滴落在下部叶片上，引起霉菌病发生，使叶片生理机能受到障碍，减少干物质的积累。

蚜虫的繁殖力很强，1年能繁殖10~30个世代，世代重叠现象突出。当5天的平均气温稳定上升到12℃以上时，便开始繁殖。在气温较低的早春和晚秋，完成1个世代需10天，在夏季温暖条件下，只需4~5天。它以卵在花椒树、石榴树等枝条上越冬，也可在保护地内以成虫越冬。气温为16~22℃时最适宜蚜虫繁育，干旱或植株密度过大有利于蚜虫为害。

药剂防治可用1.1%烟楝百部碱（绿浪）750~1 000倍液，或阿立卡3 000~6 000倍液，或阿克泰2 500倍液，或20%速灭杀丁（杀灭菊酯）2 000~3 000倍液，或40%菊杀乳油4 000倍液，或2.5%溴氰菊酯乳油2 000~3 000倍液，或21%灭杀毙乳油4 000倍液喷洒。目前，在保护地内用北京产杀瓜蚜1号烟剂，每666.7平方米用量0.5千克，熏蒸一夜，早晨通风，防效达98%以上。

（二）白粉虱

白粉虱又名小白蛾，成虫体长1.0~1.3毫米，全身表面被布一层白色蜡粉，因而得名。成虫和若虫群居叶背面吸食汁液。成虫有趋嫩性，一般多集中栖息在西葫芦秧上部嫩叶，被害叶片干枯。白粉虱分泌蜜露落在叶面及果实表面，诱发煤污病，防碍叶片光合作用和呼吸作用，以至叶片萎蔫，导致植株枯死。白粉虱还能传播病毒病。

白粉虱繁殖速度快，温室内1年可完成10代，在温度26℃条件下，完成1代约需25天。白粉虱在露地不能越冬，冬季转入温室内继续繁殖，夏季又转入露地为害，8~9月份危害最严重。

在防治上，应注意农业、物理、化学防治措施的综合应用。

第一，育苗前，彻底熏杀育苗温室残余虫口，铲除杂草残株，通风口安装纱窗，杜绝虫源迁移，培育无虫苗；温室定植前要进行熏蒸，温室大棚附近，秋季尽量避免种植瓜类、茄果类、豆类等白粉虱所喜爱的蔬菜，以减少白粉虱向温室迁移。

第二，利用白粉虱对黄色有强烈趋向性的特点，在白粉虱发生初期将黄板悬挂在保护地内，上涂机油，置于行间植株的上方，诱杀成虫。

第三，在白粉虱低密度时及早喷药，每周 1 次，连续 3 次。可选用 25％扑虱灵可湿性粉剂 1 500 倍液，25％灭螨猛可湿性粉剂 1 000 倍液，2.5％功夫菊酯乳油 2 000～3 000 倍液，2.5％溴氰菊酯乳油 2 000～3 000 倍液，2.5％灭王星乳油 2 000～3 000 倍液，20％速灭丁乳油 2 000～3 000 倍液，均匀喷洒于叶背面。

（三）潜叶蝇

潜叶蝇又名潜蝇。分布广，幼虫潜食叶肉成一条条虫道，被害处仅留上下表皮。虫道内有黑色虫粪。严重时被害叶萎蔫枯死，影响西葫芦的产量。

成虫是一种小蝇，体长 2～3 毫米，幼虫蛆形，体长 3.5 毫米左右，体表光滑柔软，黄白色至鲜黄色。

防治时，注意做到：

第一，果实采收后，清除植株残体沤肥或烧毁，深耕冬灌，减少越冬虫口基数。

第二，农家肥要充分发酵腐熟，以免招引种蝇产卵。

第三，产卵盛期和孵化初期是药剂防治适期，应及时喷药。可用 22.45％阿立卡 3 000 倍液，或 25％灭幼脲悬浮剂 1 500～2 000 倍液，或 1.8％阿维菌素乳油 2 000～3 000 倍液，或 90％敌百虫乳油 1 000 倍液，或拟菊酯类农药 2 000～3 000 倍液等防治。

三、生理障碍

（一）化瓜

1. 症状和发生原因　西葫芦生长过程中，雌花开放不长时间，瓜胎变黄、脱落，或者本已开始膨大的瓜突然中止生长，且瓜胎逐渐变黄、变软，这种现象称为化瓜。植株营养生长过旺是造成化瓜的主要原因之一。植株的营养生长过旺，抑制了生殖生长，二者的平衡遭到破坏，往往只开花不结果，这种情况多发生在定植缓苗后，过早地追肥灌水，促使叶片生长过旺；或者温度偏高，特别是夜间温度偏高，白天光照不足，更易徒长；环境条件不适，造成授粉受精不良；矮生西葫芦基本节节有瓜，植株负担过重，养分不足，各瓜之间争夺养分，必然有一部分瓜停止生长而化掉。

2. 防治方法　定植缓苗后应降低温度，加大昼夜温差，控制水分，增加光照强度，进行促根控秧。

（二）畸形瓜

1. 症状和发生原因　西葫芦畸形瓜包括弯曲瓜、尖嘴瓜、大肚瓜和蜂腰瓜。果实的形状、大小与植株长势关系极为密切。当瓜条刚坐住时，细胞数已固定，瓜条的大小、形状决定于细胞体积的增加，而细胞体积的增加，靠叶片提供碳水化合物和根系提供水分和养分。当植株衰弱或遭受病害时，容易产生尖嘴瓜和大肚瓜。不受精则变成尖嘴瓜，受精不完全则出现大肚瓜。缺钾、生育波动等原因易出现蜂腰瓜。此外，土壤干旱、盐类溶液浓度障害，吸收养分、水分不足，光照不足等也容易形成尖嘴瓜。

2. 防治方法　适期追肥灌水，搞好土壤耕作，维持植株长势，提高叶片的同化机能；冬季注意增强光照，保持适宜的生长

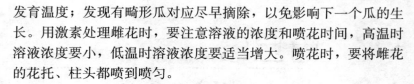

发育温度；发现有畸形瓜对应尽早摘除，以免影响下一个瓜的生长。用激素处理雌花时，要注意溶液的浓度和喷花时间，高温时溶液浓度要小，低温时溶液浓度要适当增大。喷花时，要将雌花的花托、柱头都喷到喷匀。

（三）叶枯病

在生育中期至后期最易发生。植株表现白天萎蔫，夜晚恢复正常。拔视根部，根系无不良表现，根茎维管束不变褐。如果注意加强管理，经一段时间后植株可恢复正常。一般在连续阴天后天气骤暗时容易发生。连作、土壤黏重、有机肥不足可加重发病。

叶枯病为生理性病害，主要原因是生长前期由于地温低，土壤黏重、过干或过湿，影响根系的发育。开花坐果后，由于蒸腾旺盛而根系吸水能力弱，造成叶片萎蔫。土壤中缺镁，或土壤中锰的含量过高时，也会诱发此病。因此，在栽培中，应做到：

第一，保护地栽培应注意轮作倒茬，避免连茬栽培。多施有机肥，深翻土壤，高畦地膜覆盖，定植后勤中耕，以促进根系发育，避免土壤过干或过湿。

第二，坐果数不宜过多，应注意及时采摘，防止植株早衰和影响根系发育。

第五章

南瓜安全生产技术

第一节　生物学特性

一、植物学特征

（一）根系

南瓜的根系发达，再生力强。主根入土可深达 2 米左右，一级侧根有 20 余条，长约 50 厘米左右，最长可达 140 厘米，并可分生出三、四级侧根，形成强大的根群，主要根系群密布于 10～40 厘米耕层中。由于南瓜根入土深，分布广，故吸收肥水的能力也很强，具有较强的抗旱力和耐瘠薄性。

（二）茎

茎蔓生，五棱形，有沟，茎长达数米。分枝力强。节处生根，粗壮，有棱沟，被短硬毛。卷须有 3～4 个分叉。

（三）叶

单叶互生，叶片心形或宽卵形，5 浅裂有 5 角，稍柔软，长15～30 厘米，两面密被茸毛，沿边缘及叶面上常有白斑，边缘有不规则的锯齿。

（四）花

花单性，雌雄异花同株，黄色。雄花花托短。花萼裂片线形，顶端扩大成叶状。花冠钟状，黄色，5 中裂，裂片外展，具绉纹。雄蕊 3 枚。花药靠合，药室规则 S 形折曲。雌花花萼裂显著，叶状，子房圆形或椭圆形，1 室，花柱短，柱头 3，各 2 裂。雌花等筒短，萼片常是叶状，雄花萼筒下多紧缢，花冠多翻卷，呈钟状，花梗五棱。

（五）果实

瓠果，瓜蒂近果实处呈五角星状。果实有圆筒、扁圆或球形，果面平滑或有瘤状突起，果皮深绿或绿白相间，果柄有棱槽，瓜蒂扩大成喇叭状。成熟果黄色，多蜡粉。种子近椭圆形，长 1.5～2 厘米，灰白色或黄白色，边缘厚略黄，花期 5～7 月，果期 7～9 月。

（六）种子

南瓜种子的千粒重为 81～119 克，种子发芽适温 25～30℃，果实发育适温 25～27℃。

南瓜耐干旱和瘠薄，不耐寒，须在无霜季节栽培，适应性强，对土质要求不严，无论在山坡、平地或零星间隙都可种植。南瓜属短日照作物，在 10～12 小时短日照下很快通过光照阶段。

二、南瓜的生育周期

南瓜的生育周期包括发芽期、幼苗期、抽蔓期及开花结瓜期。

（一）发芽期

从种子萌动至子叶开展，第 1 真叶显露为发芽期。一般用 40～50℃温水浸种 2～4 小时，在 28～30℃的条件下催芽 36～48 小时。在正常条件下，从播种至子叶开展需 4～5 天。从子叶展开至第 1 片真叶显露需 4～5 天。

（二）幼苗期

自第 1 真叶开始抽出至具有 5 片真叶，还未抽出卷须。这一时期植株直立生长。在 20～25℃的条件下，生长期 25～30 天，如果温度低于 20℃时，生长缓慢，需要 40 天以上的时间。早熟品种可出现雄花蕾，有的也可显现出雌花和侧枝。

（三）抽蔓期

从第 5 片真叶展开至第 1 雌花开放，一般需 10～15 天。此期茎叶生长加快，从直立生长变为匍匐生长，卷须抽出，雄花陆续开放，为营养生长旺盛的时期，茎节上的腋芽迅速活动，抽发侧蔓。同时，花芽亦迅速分化。此期要根据品种特性，注意调整营养生长与生殖生长的关系，同时注意压蔓，促进不定根的发育，以适应茎叶旺盛生长和结瓜的需要，为开花结瓜期打下良好基础。

（四）开花结瓜期

从第 1 雌花开放至果实成熟，茎叶生长与开花结瓜同时进行，到种瓜生理成熟需 50～70 天。早熟品种在主蔓第 5～10 叶节出现第 1 朵雌花，晚熟品种迟至第 24 叶节左右。在第 1 朵雌花出现后，每隔数节或连续几节都能出现雌花。不论品种熟性早晚，第 1 雌花结的瓜小，种子亦少，早熟品种尤为明显。

三、南瓜生长发育对环境条件的要求

（一）温度

南瓜可耐较高的温度，对低温的忍耐能力不如西葫芦。种子在 13℃以上开始发芽，以 25～30℃时为发芽最适温。10℃以下或 40℃以上时不能发芽。根系伸长的最低温度为 6～8℃，根毛生长的最适温度为 28～32℃。生长的适宜温度为 18～32℃，开花结瓜的温度不能低于 15℃。温度高于 35℃花器官不能正常发育。果实发育最适宜温度为 25～27℃。夏季高温期生长易受阻，结果停歇。

（二）光照

南瓜属短日照作物。雌花出现的迟早与幼苗期温度的高低和日照长短有很大关系，在低温与短日照条件下可降低第一雌花节位而提早结瓜。如将夏播的南瓜，在育苗期进行不同的遮光试验，缩短光照时间，每天仅给 8 小时的光照，处理 15 天的前期产量比对照高 60.2%，总产量高 53%；处理 30 天的分别比对照高 116.9% 和 110.8%。南瓜对于光照强要求比较严格，在充足光照下生长健壮，弱光下生长瘦弱，易于徒长，并引起化瓜。但在高温季节，阳光强烈，易造成严重萎蔫。所以，高温季节栽培南瓜时，适当套种高秆作物，有利于减轻直射阳光对南瓜造成的不良影响。由于南瓜叶片肥大。互相遮光严重，田间消光系数高，影响光合产物的产生，所以要注意必要的植株调整。

（三）水分

南瓜有强大的根系，具有很强的耐旱能力。但由于南瓜根系主要分布在耕作层内，蓄积水分是有限的。同时南瓜茎叶繁茂，叶片大，蒸腾作用强，每形成 1 克干物质需要蒸腾掉 748～834 克水。土壤和空气湿度低时，会造成萎蔫现象，持续时间过长，亦易形成畸形瓜。所以也要及时灌溉，才能正常生长和结瓜，取得高产。但湿度太大时易于徒长。雌花开放时若遇阴雨天气，亦易落花落果。

(四) 土壤和营养

南瓜根系吸肥吸水能力强，一些难于栽培蔬菜的土地都可种植。它对土壤要求不严格，但土壤肥沃，营养丰富，有利于雌花形成，雌花与雄花的比例增高。适宜的 pH 为 6.5～7.5。在南瓜生长前期氮肥过多，容易引起茎叶徒长，头瓜不易坐稳而脱落，过晚施用氮肥则影响果实的膨大。南瓜苗期对营养元素的吸收比较缓慢，甩蔓以后吸收量明显增加，在头瓜坐稳之后，是需肥量最大的时期，营养充足可促进茎叶生长，有利于获得高产。南瓜对氮磷钾三要素的吸收量比西葫芦约高 1 倍，是吸肥量最多的蔬菜作物之一，在整个生育期内对营养元素的吸收以钾和氮为多，钙居中，镁和磷较少。生产 1 000 千克南瓜需吸收氮 3.92 千克、五氧化二磷 2.13 千克、氧化钾 7.29 千克。南瓜对厩肥和堆肥等有机肥料有良好的反应。

第二节　南瓜的品种类型

一、品种类型

按果实形状分为圆南瓜、长南瓜两个变种。

(一) 圆南瓜

果实扁圆或圆形，果面有纵沟或瘤状突起，果实深绿色，有黄色斑纹。如湖北的柿饼南瓜、南京的磨盘南瓜、猪头南瓜、杭州的糖饼南瓜。

(二) 长南瓜

果实长，头部膨大，近果柄处实心无籽，果皮绿色，有黄色花纹。如浙江的十姐妹南瓜、上海的黄狼南瓜、南京的牛腿南

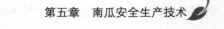

瓜、象腿南瓜、苏北的吊瓜。

二、栽培的食用品种

1. 小磨盘 蔓长 2 米左右，主蔓于 8～10 节开始结第一个瓜。瓜形扁圆，似磨盘，单果重 1～1.5 千克。青熟时瓜皮为深绿色，老熟时呈棕红黄色，果面有十条纵棱，果肉甘面，品质佳。为早熟品种。

2. 大磨盘 蔓长 3 米左右，主蔓 12～15 节开始着生第一雌花，瓜形与小磨盘相似，而果大，单果重约 3.5～5 千克，品质佳。

3. 骆驼脖 果实大，长筒形，尖端粗大，果面有 10 条浅色条纹，果面颜色嫩时深绿色，老熟时为浅红棕色，品质甘面。

4. 博山长南瓜 山东省淄博市博山区地方品种。茎蔓性，植株生长势和分枝性强。叶片大，深绿色，掌状五角形。第一雌花节位在 18 节以上。瓜呈细长颈圆筒形，瓜皮墨绿，瓜面光滑，有蜡粉。单瓜重 1.5 千克左右。生育期 120～140 天。较抗病毒病和白粉病。

5. 叶儿三南瓜 山东省平原县地方品种。茎蔓性，分枝性强。叶片较大，掌状五角形。第一雌花节位在 8～9 节。早熟。瓜呈扁圆形，嫩瓜墨绿有黄白斑。老熟瓜棕黄色有肉色斑。瓜表面有明显白色深棱，有蜡粉。单瓜重 1.25 千克左右。生育期 95～105 天。较抗病毒病，不抗白粉病。

6. 牛腿南瓜 山东省沂南县地方品种。茎蔓性，分枝性强。第一雌花节位在 5～8 节，早熟。瓜为长粗颈圆筒形。嫩瓜墨绿色。瓜表面平滑，有蜡粉。单瓜重 2.5 千克左右。生育期 95～105 天。抗病毒病，不抗白粉病。

7. 枣庄南瓜 山东省枣庄市郊区地方品种。茎蔓性，生长势强。分枝性强。叶片深绿色有散状白斑，呈掌状五角形。第一雌花节位在 6～10 节，中早熟。瓜呈扁圆形有纵棱，嫩瓜皮色墨绿，有黄白斑，老熟瓜皮棕黄色，有肉色斑，有蜡粉。瓜纵径 10 厘米左右，横径 18 厘米，单瓜重 1.5 千克左右。老熟瓜味道甜，但不面，品质好。生育期 95～105 天。较抗病毒病和白粉病。

8. 京红栗　早熟优质丰产南瓜一代杂交种。果实外形为厚扁圆，瓜色为橘红色，光泽度好，瓜肉深橘红色，甘甜、细面，粉质度高，有板栗香味，品质极佳。与国内同类型品种相比，其突出优点是早熟、易坐瓜、瓜形整齐一致、外表鲜艳美观、膨瓜速度快、转色也快、上市早。单瓜质量 1.5 千克，果实品质和耐贮性有显著提高，尤其是 β-胡萝卜素含量最高可达 6.2 毫克/100 克鲜重，是国内率先育成的高胡萝卜素含量的南瓜品种。

适应范围广，既适于春、秋露地栽培，又可用于保护地早熟栽培和秋冬延后栽培，还可作为观赏植物栽培。

9. 京绿栗　优质、丰产、抗病南瓜一代杂交种。其生长势强，在夏秋高温和冬春低温下都容易坐瓜，耐病毒病，单株平均坐瓜 3～4 个，畸形瓜少，商品率高。单瓜重 2 千克左右，瓜形厚扁圆，瓜体匀称周正，瓜皮色深绿底带浅绿色散斑，外观漂亮。瓜肉厚约 3.2 厘米，深黄色，口感甘甜细面带板栗香味，品质极佳。一般 666.7 平方米产量可达 2 000 千克以上，最高产量达到 3 100 千克。京绿栗不论在适应性、产量还是在外观和营养品质方面都显著优于同类型品种。

适应范围广，既适于春、秋露地栽培，又可用于保护地早熟栽培和秋冬延后栽培，还可作为观赏植物栽培。

10. 板栗红南瓜　植株长蔓类型，生长势强。瓜扁圆形，横径 12～15 厘米，高 9～12 厘米，肉厚 2～3 厘米。瓜皮红色，带有淡黄色纵条纹。瓜肉橘黄色，肉质细密，水分少、粉、糯，品质佳。单瓜重 1 000 克左右，侧枝 8～9 节出现第 1 雌花。分枝性强、早熟、喜光、喜温。抗病性和抗逆性。666.7 平方米产

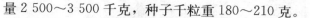

量 2 500～3 500 千克，种子千粒重 180～210 克。

11. 板栗青南瓜　植株长蔓类型，生长势较强。瓜扁圆形，横径 9～13 厘米，高 7～9 厘米，肉厚约 2 厘米。瓜皮深青色，老熟后带白色蜡粉，果面较粗糙，瓜棱深。瓜肉橙黄色，肉质致密，口感细腻，甜糯，品质佳。单瓜重 1 000～1 500 克。主蔓第 6～8 节着生第 1 雌花，雌花授粉后约 30 天即可采收嫩瓜，分枝性较强。早熟、喜光、喜温。666.7 平方米产量 3 000 千克左右，种子千粒重 60 克。耐弱光，抗病性强，特别是抗病毒病能力强。

12. 寿星南瓜　植株生长势较强，早熟，易坐果，实扁圆形，深青色有小斑点。平均单果重约 2 千克，肉色橙黄、粉质、味甜，适合作嫩果菜用及老熟食用，品质超群，连续坐果能力强。

栽培参考密度 0.5 米×3.5 米株行距，2 月下旬营养钵育苗，苗龄 15～20 天。2～3 蔓整枝，主蔓 10 节以上可留果。连续坐果能力强，每采收一批果实，需追施一次肥料，促进连续坐果。

13. 栗晶南瓜　果肉浓黄色，粉质而味甜，食味超群。生育强健，叶形较小，长蔓，节间紧凑。果实扁球形，青黑色皮，散布星状浅灰色斑纹。雌花开花早，8 节左右开始坐果，着果后 35～40 天收获。

栽培时，要深耕施足基肥，株行距 3 米×0.4～0.7 米。育苗 3 叶期定植，1～2 蔓整枝，单蔓可留 2 果。小拱棚覆盖早熟栽培、露地地膜覆盖栽培均可。

14. 金星南瓜　早熟，抗病、抗逆性强。植株长势稳健，易坐果，单株可坐果 2～4 个，单果重 1～2 千克。果实厚扁球形，果面金黄色，果肉橙黄色。丰满圆整，外观秀丽，肉质紧细，粉质含量极高，水分少，品质极佳，耐贮运。老熟果亦可做观赏用。

栽培时，要深耕施足磷钾基肥，参考株行距 3 米×0.4～0.7

米。育苗 3 叶期定植，1～2 蔓整枝，单蔓可留 2 果。小拱棚覆盖早熟栽培、露地地膜覆盖均可。注意通风透光。

15. 雪化妆　日本市场比较常见的食用型南瓜。外观扁圆形、外皮略显白色。单重 2～3 千克，属于比较大的南瓜品种。生瓜果肉呈淡黄色，煮后会变成鲜黄色，粉质口感，味道甘甜，糖度在 14％左右。较耐存储，一般可以保存 3 个月。收获后，糖度 15％～20％，若在通风的地方自然干燥，糖度会慢慢提高，收获 30 天后食用为最佳时期。除了新鲜食用外，还可以作为冷冻品的原料进行加工。

16. 印度南瓜　近年来世界上特大型的南瓜新品种。它具有生长快、坐瓜多、瓜特大、果肉厚、产量高、品质优、抗病、抗旱、易管理和耐贮运等特点。一般 666.7 平方米产量 2 500～3 500 千克，单瓜重 30～40 千克，瓜肉厚 9～10 厘米。瓜外表皮为橘红色，色泽鲜艳。圆型或扁圆型，也有长圆型。口感绵香，无异味。生育期 130～140 天，我国各地均可种植。印度南瓜根系发达，无主根，侧根多达 10～14 条。茎粗、叶大，光合作用强，秧壮瓜大，适应性广，无需搭架。耐贮藏，从 10 月初采收，可自然贮存到翌年 3 月底。

三、观赏南瓜品种

近年来，市场上出现了许多新奇的南瓜品种，其颜色有红、黄、金黄、绿、白等，外形有球形、飞碟形、洋梨形、佛手形、皇冠形等，颇具观赏价值，大棚和露地都可栽培，特别适宜公园、阳台、绿化美化、观光农业栽培。

1. 瓜皮南瓜　果形扁圆形，瓜果表面不光滑，由翠绿和白色条纹两色相间组成，酷似西瓜，故称"瓜皮南瓜"，果实直径 6 厘米，高 4 厘米，平均单果重 130 克。

2. 金童南瓜　果实和皮金黄色、扁圆形、表面有纵向棱沟，外形美观，单果重 100 克，果实直径 70 厘米，高 5 厘米。

3. 玉女南瓜 形状大小与金童相似，但皮色雪白，扁圆形，直径 7 厘米，高 5 厘米，株型中等，结果性强，果实洁白如雪、小巧、新奇，观赏兼食用。

4. 龙凤瓢南瓜 果形似汤匙，又像麦克风，果实下方为球形，上方为长柄，橙黄色，底部为深绿色，分界明显。果身有黄绿色条纹，美观可爱。果长 16 厘米，平均单果重 100 克，可食用。

5. 皇冠南瓜 果形似皇冠，又似飞碟、佛手，形状怪异，故又叫"小丑南瓜"，果皮有浅黄色，白色、绿色等，果实直径 11 厘米，高 8 厘米，单果重约 130 克。

6. 鸳鸯梨南瓜 梨形，果底部为深绿色，上方为金黄色，并有淡黄色条纹相间，果长约 10 厘米，平均单果重 80 克，株型中等。

7. 沙田柚南瓜 外形似沙田柚，皮奶白色，直径 6 厘米，高 7～8 厘米，单果重约 130 克。

8. 黑地雷南瓜 瓜形似鸡蛋，墨绿色，又似地雷，直径 6 厘米，高 8～9 厘米，单果重约 100 克，株型中等。

9. 福瓜 果形扁圆形，似飞碟状，果皮橙红色，光滑，瓜底有 3～4 个"脚"，十分像古代的鼎，直径 20 厘米，高约 3 厘米，单果重 1.5 千克。

10. 红栗南瓜 一代杂种，生长势强。外观美，果皮橙红色，果形扁圆，既可食用，又可观赏。单果重 1.5～2.0 千克，果肉厚约 3.2 厘米，肉质粉甜，抗性强，耐储运，果实开花后至成熟约 35 天，早熟品种。

11. 蜜本南瓜 新育成的一代杂交种，具有早熟、生长快、长势强、抗逆性强、适应性广、结瓜率高、瓜形美观、肉质细腻、水分少、口感甜、高产、耐储运等优点。春秋两季均可栽培，定植后 75 天即可开始采收。瓜棒锤形，长约 36 厘米，直径

14.5 厘米，顶端膨大，成熟时皮呈橙黄色，肉为橙红色。单瓜重 3.0～3.5 千克，观赏兼食用。

12. 迷你南瓜 2001 年获第二届江苏省（园艺精品）园艺博览会银奖。植株长蔓类型，生长势较强。瓜扁圆形，横径 7～10 厘米、高 5～6 厘米，肉厚 1.2～2.0 厘米。瓜皮淡黄色、上覆 10 余条深黄色纵条纹，蜡质感强，具有很好的观赏性。瓜肉橘黄色、肉质致密、口感细腻、甜糯，品质佳。单瓜重 200～300 克。第 1 雌花节位第 2 节，连续坐果性强，且有 1 节着生 2 个瓜的现象。分枝性一般。早熟、喜光、喜温。666.7 平方米产量 2 000 千克左右，种子千粒重 30 克。抗病性及抗逆性中等。

13. 碧玉 江苏省农业科学院蔬菜研究所最新选育的杂交一代小南瓜新品种。其亲本之一来自 1998 年引进的日本小南瓜品种，亲本之二来自 1999 年引进的澳大利亚小南瓜品种。2002 年春季起，用不同株系试配组合，2004 年秋季组合定型。2005 年在江苏、安徽、上海、四川和江西试种均表现良好。

14. 四季绿 浙江省绍兴市农业科学研究院选育。植株蔓生，前期分枝较多；结果性好，主蔓结果为主；第一雌花节位在第 5 叶，能连续发生雌花；成熟期早，开花后 6～7 天即可采收嫩瓜。商品瓜淡绿色具白色条状断续斑纹，嫩瓜质糯而不糊，果肉淡黄色，半纺锤形，单果重 0.4 千克左右；对光周期不敏感，对温度适应能力强。露地可春秋两季栽培，保护地可周年栽培。666.7 平方米产量 2 500 千克左右。较抗白粉病和病毒病。

第三节　南瓜育苗

南瓜提早育苗、移栽，可以延长其生长期，有利于前后茬口的安排，获得高产和增加经济效益。培育壮苗是南瓜丰产、高效益栽培的基础。

南瓜壮苗（传统的育大苗）的标准是：地上部分有 3 片

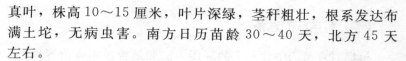

真叶，株高 10～15 厘米，叶片深绿，茎秆粗壮，根系发达布满土坨，无病虫害。南方日历苗龄 30～40 天，北方 45 天左右。

（一）营养土准备

无论在什么设施内育苗，采用营养土方畦面直接点播，还是采用育苗钵育苗的方法，都要配制营养土。营养土的配制方法很多，不同的种植户可以根据自己的不同需要和自己的不同条件而定。原则是苗床中的营养土要肥沃，富含有机质，土质疏松，有良好的物理性状，通气性良好，保水力强，利于南瓜幼苗的生长和发育。配制营养土的各成分均要过筛，去除杂物。在配制过程中要根据有机肥的种类、肥力和土壤等营养土各组成成分的性质来决定适宜的配比，如果肥力不足，还可加入少量的速效氮肥（如尿素）和磷、钾肥。但化肥要与营养土充分混匀，用量要少，以免烧根。配制营养土时，一般充分腐熟的优质有机肥占30%～70%，肥田土占 70%～30%，可根据肥力情况确定是否加入过磷酸钙或磷钾复合肥（一般不超过 0.5%）和尿素（通常不超过 0.1%）。为避免苗期发生猝倒病、立枯病等，园土应选择未种过蔬菜的大田土壤配制营养土，尽量避免选用多年种植过蔬菜的园土，尤其是种植过瓜类蔬菜的园土。肥田土以沙壤土最为适宜。在土质酸性较高的地区（如南方的红壤土），配制营养土时可加入适量的石灰，既起中和酸的作用，又增加土壤中钙的含量；土壤黏重的地区，营养土中可加入一定量的粗沙或蛭石，提高土壤的透水性和通气性。如果是用穴盘等育苗，可用蛭石和草炭按1∶1（播种用）或 1∶2（分苗用）比例配制，进行无土育苗。也可用充分腐熟的优质有机肥代替蛭石。同时每立方营养土加入复合肥 2 千克左右。营养土要充分混匀，并在播种前 10～15 天准备好，根据不同的育苗方法装入相应的育苗钵或育苗床中。

（二）育苗床的准备

根据对育苗床中营养土的利用方法和是否采用育苗容器等，可分为营养土方、纸筒育苗、育苗钵（亦称营养钵）、育苗盘以及穴盘育苗等方法。采用营养钵等护根育苗培育南瓜苗，种植时伤根少，缓苗快，有条件时应尽可能地采用护根育苗的方法，以利于定植后的缓苗和生长。

1. 营养土方 先在设施内整好育苗畦，在畦内铺好厚10厘米的营养土，踩实耧平，浇透水，待水渗透后按10厘米见方划分，准备播种。播种时将已催芽的种子点播于营养方的中间。也可将配制好的营养土掺水，调成干湿适度的泥土，再装入压模内压制而成。可机械制作营养土块，也可手工操作。

另一种方法是和大泥。即在播种的前一天或播种当天，将营养土掺水和成干泥，在整好的畦底先铺一薄层细沙或灰渣作为隔离层，再将和好的干泥平铺在畦内推平，厚约10厘米，并切成10厘米见方的泥块。用小棍在每个泥中间戳一深约1~1.5厘米的小穴，准备播种。如果是在播种前一天制成，则在播种时还要洒少量水再播种。

2. 塑料育苗钵育苗 塑料工业的发展，为农业提供了多种现代化的生产资料和用具。仅就育苗钵而言，现已实现规格齐全，可以多次应用，正逐步代替其他育苗容器。具体应用方法也很简单，即先整好育苗畦，再在畦面上铺一薄层细沙，然后在制成的直径和高约10厘米左右的塑料育苗钵中装入营养土，并摆放入育苗畦中，筒间互相挤紧，然后灌水播种。细沙起到隔离土壤的作用，定植时只需顺着细沙的隔离起苗即可，有利于操作和保护南瓜根系。

3. 育苗盘育苗 利用育苗盘育苗可随时移动育苗盘，改变位置，有利于调整幼苗的生长和充分利用保护设施。有条件者可利用育苗盘进行立体育苗（架床育苗），以充分利用空间，甚至在地上种植矮秆蔬菜，上部空间进行架床育苗。可用铁架或木料做成架高1.3～1.4米、宽70厘米的育苗架，其宽度和长度视育苗盘的尺寸和育苗盘的多少而定。育苗架应东西延长，育苗盘是南北放置。

育苗盘可进行点播，也可进行撒播再分苗。点播时，要求育苗盘中营养土厚度不小于10厘米。厂家生产的塑料育苗盘一般长60～70厘米、宽20～25厘米、高约5～6厘米左右，底部具有网孔，一般适于撒播（以后再分苗）。直接点播的育苗盘可用木材自制，为便于搬动，一般长70～80厘米、宽40厘米左右、高度为13～15厘米，底部用木条、竹竿、树条等铺底，以便于透水透气，播种前装入厚10厘米的营养土。

4. 穴盘育苗 穴盘育苗更便于育苗管理和定植的操作，又有利于保护根系。目前，市场上能购买到不同孔数（穴的大小）的穴盘。由于南瓜叶片大，生长快，需较大的营养面积，所以最好采用穴较大（孔数少）的穴盘，至少也要采用72孔穴盘。但实际上72孔育苗盘也不能充分满足南瓜幼苗的需要，所以穴盘育苗一般苗龄相对要短，幼苗较小时即可定植，否则因营养面积不足，幼苗拥挤，易徒长。穴盘育苗的营养土应采用轻质的按一定比例混合的草炭、蛭石、充分腐熟的优质有机肥作基质进行无土育苗。如果是用无营养的蛭石和草炭作基质，在育苗期间还需浇0.1%～0.2%尿素和磷酸二氢钾等营养液。无土育苗可通过控制温度、水分、营养液来控制幼苗的生长，有利于培育壮苗。

第四节　南瓜安全生产技术

一、南瓜露地栽培

（一）春露地栽培

1. 品种选择和种子处理 选用中国南瓜栽培种，以当地的优良地方品种为佳，如黄瓢南瓜、磨盘南瓜、枕头南瓜和长柄南瓜等。南瓜种子经晒种 1～2 天后，用 50℃温水烫种 5～10 分钟，再浸种催芽。

2. 施肥与整地 以保水保肥的沙壤土为佳。深耕晒垡，施足基肥后，做成宽 1～1.5 米的平畦，畦面按 10 厘米的穴距打穴或按行距 15～20 厘米的规格打出条播横行。

3. 播种期与播种方法 自 4 月中旬到 8 月底，分批排开播种，将催好芽的种子按每穴 2～3 粒进行穴播，或按 3～4 厘米间距条播。播后浇透水，覆盖 2 厘米厚的营养土。

4. 田间管理

（1）查苗补苗保全苗 南瓜定植的株行距大，每 666.7 平方米栽植的株数较少，但单株产量大。如果缺苗，将会严重降低产量。在定植和缓苗过程中，由于各种因素的影响，例如人工操作不小心碰伤，或病虫害伤害幼苗，或因风力强劲刮断幼苗茎叶等原因而造成缺苗。所以在定植后进入缓苗期时，要加强查苗、补苗工作，一经发现缺株或幼苗受损，必须及时拔除，补栽新苗。补苗时要注意挖大土坨。尽量少伤根系，栽后要及时浇水，以保证成活。

（2）肥水管理 南瓜的肥水管理要根据不同的生育阶段、土壤肥力和植株长势的情况进行。在肥料施用上，应该做到有机肥与无机肥配合，尽量增施有机肥。一般用有机肥和磷肥作基肥；钾肥也主要作基肥，1/3 作追肥；氮肥 1/3 可作基肥，2/3 作追肥。根据研究，在一定氮钾基础上，增加磷肥能提高南瓜产量。

南瓜缓苗后，如果苗期较弱，叶色淡而发黄，可结合浇水进行追肥，追肥可用 1∶3～4 的淡粪水，即 1 份人粪尿加 3～4 份水，每 666.7 平方米用量 250～300 千克，作为发棵肥。如果肥力足而土壤干旱，也可只浇水不追肥。在南瓜定植后到伸蔓前的阶段，如果墒情好，尽量不要灌水，应抓紧中耕，提高地温，促进根系发育，以利壮秧。在开花坐果前，主要防止茎、叶徒长，以免影响开花坐果。当植株进入生长中期，坐住 1～2 个幼瓜时，应在封行前追肥，以保证有充足的养分。一般每 666.7 平方米追施 1：2 的粪水 1 000～1 500 千克。施粪肥时，可以在根的周围开一环形沟，也可用土做一环形的圈，然后施入人畜粪和堆肥，再盖上泥土，这次追肥对促进南瓜果实的迅速膨大和多结瓜有重要意义，必须及时进行。这个时期如果无雨，应该及时浇水，并结合追施化肥，每次每 666.7 平方米施用硫酸铵 10～15 千克或尿素 7～10 千克，或复合肥 15～20 千克。在果实开始收获后，追施化肥，可以防止植株早衰，增加后期产量。如果不收嫩瓜，而以后准备采收老瓜，后期一般不必追肥，根据土壤干湿情况浇 1～2 次水即可。在多雨季节，还要注意及时排涝。

南瓜喜有机肥料，在施用化肥时要力求氮、磷、钾配合施用。施肥量应按南瓜植株的发育情况和土壤肥力情况来决定，如瓜蔓的生长点部位粗壮上翘、叶色深绿时不宜施肥，否则会引起徒长、化瓜。如果叶色淡绿或叶片发黄，则应及时追肥。

（3）花期管理　南瓜是雌雄异花授粉的植物，主要依靠蜜蜂、蝴蝶等昆虫媒介传粉，受精结果。在自然授粉的情况下，异株授粉结果率占 65%，本株自交授粉的结果率占 35%。从人工授粉和自然授粉的效果来看，人工授粉的结果率可高达 72.6%，而自然授粉的结果率仅有 25.9%。所以，人工授粉对提高南瓜的结果率极为有利，特别是在南方栽培南瓜，开花时期正值梅雨季节，湿度大，光照少，温度低，往往影响南瓜授粉与结果，造成僵蕾、僵果或化果。采用人工授粉的方法可以防止落花，提高坐果率。

人工授粉的具体做法是：南瓜花一般在凌晨开放，早晨 4～6 时授粉最好，所以人工授粉要选择晴天上午 8 时前进行。可采摘几朵开放旺盛的雄花，用蓬松的毛笔轻轻地将花粉刷入干燥的小碟内，然后再蘸取混合花粉轻轻涂满开放雌花的柱头上，授粉以后，顺手摘张瓜叶覆盖，勿使雨水浸入，以提高授粉效果。采用混合花粉授粉，有利于提高坐瓜率和果实质量，也有的将雄花采摘后，去掉花瓣直接套在雌花上，使花粉自行散落在雌花柱头上，或把雄蕊在雌花柱头上轻轻涂抹，这样也可达到人工授粉的目的。如遇阴雨天，则可把翌日欲开的雌花、雄花用发夹或细保险丝束住花冠，待翌日雨停时，将花冠打开授粉，然后再用叶片覆盖授过粉的雌花。

南瓜上也可应用植物激素促进开花和坐果。在南瓜长出 3～4 片真叶时，用乙烯利 2 500 倍稀释液（一般采用 2.5 升水加 1 毫升乙烯利原液）直接喷洒瓜苗，促进瓜苗雌花分化，幼瓜早结。

在南瓜花期，用 20～25 毫克/升的 2，4-D 溶液涂于正开的雌花花柄上，可防止果柄脱落，提高结果率。

（4）中耕除草 南瓜定植的株行距都较大，每 666.7 平方米种植的株数较少，宽大的行间，水、肥适宜，光照又充足，气温不断地升高，使杂草很容易发生，所以从定植到伸蔓封行前，要进行中耕除草。结合除草进行中耕，由浅入深。注意不要牵动秧苗土块，以免伤根。为促进根系发育，中耕时，要往根际培土。中耕不仅可以疏松土壤，增加土壤的透气性，提高地温，而且还可以保持土壤湿度，利于根系发生。第 1 次中耕除草是在浇过缓苗水后。在适耕期，中耕深度为 3～5 厘米，离根系近处浅些，离根远的地方深一些，以不松动根系为好。第二次中耕除草，应在瓜秧开始倒蔓向前爬时进行，这次中耕可适当地向瓜秧根部培土，使之形成小高垄，有利于雨季到来时排水。随着瓜秧倒蔓，植株生长越来越旺，逐渐盖满地面，就不宜再中耕了。一般中耕3～4 次。但如封行前没有将杂草除尽，又进入高温多雨季节，更有利于杂草丛生，此时要用手拔除，以防止养分的消耗和病虫害的滋生。

（5）整枝 爬地栽培的南瓜，一般不进行整枝，而放任生长，特别是生长势弱的植株更不必整枝。但是，对生长势旺，侧枝发生多的可以整枝，去掉一部分侧枝、弱枝、重叠枝，以改善通风透光条件。否则，由于南瓜枝叶茂盛，易引起化瓜。整枝方法有很多，如单蔓式整枝、多蔓式整枝，整枝也可以不拘于某种形式，多种方法并用。单蔓式整枝，是把侧枝全部摘除，只留一条主蔓结瓜。一般早熟品种，特别是密植栽培的南瓜，多用此法整枝。在留足一定数目的瓜后，进行摘心，以促进瓜的发育。多蔓式整枝，一般用于中晚熟品种，就是在主蔓第5～7节时摘心，而后留下2～3个侧枝，使子蔓结瓜。主蔓也可以不摘心，而在主蔓基部留2～3个强壮的侧蔓，把其他的侧枝摘除。不拘形式的整枝方法，就是对生长过旺或徒长的植株，适当地摘除一部分侧枝、弱枝，叶片过密处适当地打叶，这样有利于防止植株徒长，改善植株通风透光条件，减少化瓜现象的发生。

（6）压蔓　压蔓具有固定叶蔓的作用，同时可生出不定根，辅助主根吸收养分和水分，满足植株开花结果的需要。在瓜秧倒蔓后，如果不压蔓就有可能四处伸长，经风一吹常乱成一团，影响正常的光合作用和田间管理操作，通过压蔓操作可使瓜秧向着预定的方位展开。压蔓前要先行理蔓，使瓜蔓均匀地分布于地面，当蔓伸长60厘米左右时进行第一次压蔓。方法是：在蔓旁边用铲将土挖一个7～9厘米深的浅沟，然后将蔓轻轻放入沟内，再用土压好，生长顶端要露出12～15厘米，以后每隔30～50厘米压蔓1次，先后进行3～4次。对于实行高度密植栽培的早熟南瓜，可以压蔓一次，甚至不压蔓。当它进入开花结瓜期，在已经有1～2个瓜时，可以选择一个瓜个大、形状好、无伤害的瓜留下来，顺便摘去其余的瓜，同时摘除侧蔓，并打顶摘心。打顶时，要注意在瓜后留2～3片叶子，便于养分集中，加快果实的膨大。

为提高产量和品质，早熟南瓜栽培可进行支架种植，棚架栽培均比爬地南瓜通风透光好，结瓜率高，瓜个大，品质好，可增产30%～40%。一般采用单蔓整枝的方式进行整枝。

5. 采收与贮藏 贮藏或远销的南瓜应取老熟果。采收标准为：果皮坚硬，显现出固有光泽，果面布有蜡粉。采收时要保留 2～3 厘米长的果柄。对早熟品种，要求采收开花后 40～45 天的成熟瓜；对中、晚熟品种，要求采收开花后 50～70 天的成熟瓜。采收后要在室内或塑料棚中预贮，预贮温度 24～27℃，预贮时间为两周。然后贮藏在温度为 8～10℃、空气相对湿度 70%～75% 的环境中。

（二）南瓜秋露地栽培

秋南瓜的栽培有两种方法，一种是对夏播南瓜进行更新改造，另一种是秋播。

1. 改革老株 对夏播的南瓜，可在 8 月中旬摘除全部老嫩瓜，剪往老叶和部分侧枝，666.7 平方米施复合肥 25～30 千克。施肥后，在行间中耕 15～20 厘米深，将肥料翻进土中。中耕后灌足水，经常保持土壤湿润，这样在 10 月上旬前后植株可再次大批结瓜。

2. 秋播 选用既耐热又抗病的南瓜品种，于 7 月下旬～8 月上旬催芽后直播，最好用营养钵育苗并笼罩遮阳网护苗，苗龄达 20 多天后定植。定植前 666.7 平方米施复合肥 30～40 千克做基肥，定植后在畦面盖草降温保湿。从种植后至 9 月上旬前，畦面上都应笼罩遮阳网，其间喷施 1～2 次 50 毫克/升的萘乙酸溶液，防止植株产生病毒病。植株抽蔓后在畦面搭篱架并进行单蔓整枝，除去所有侧枝，及时浇水抗旱，坐果后追肥 1～2 次，每次 666.7 平方米施复合肥 15～20 千克。

秋播南瓜易生蚜虫和感染病毒病，可优先悬挂黄色粘虫板诱杀蚜虫。发生量大时，可选用 22.45% 阿立卡 3 000 倍，或绿浪（1.1% 烟楝百部碱）750 倍喷雾；也可用 10% 吡虫啉 1 000～1 500 倍液，或 5% 蚜虱净乳油 3 000 倍液，或 48% 乐斯本乳油 1 000～1 200 倍液均匀喷雾防治。也可在上述药剂中加 20% 病

毒 A 可湿性粉剂，用混合液喷雾防治。

二、南瓜保护地栽培

（一）小拱棚加地膜覆盖提早栽培

双膜覆盖栽培就是在地膜覆盖的基础上，再加一个小拱棚覆盖的一种栽培方式，是目前南瓜早熟栽培中一种常见的栽培形式。

1. 南瓜双膜覆盖栽培的效果　一是保温效果好。据测定，南瓜双膜覆盖棚内气温平均比单层小拱棚温度高 1℃以上，土温提高 2℃左右，特别是夜间保温效果明显，可比地膜覆盖提早定植 11～15 天。二是降湿保墒。由于有地膜覆盖，不仅提高了土壤湿度，而且能有效地降低拱棚内空气湿度，从而减轻叶部病害，还可以克服单层拱棚内容易孳生杂草的缺点。三是早熟效果明显。据试验，在双膜覆盖和大苗移栽的情况下，南瓜上市期可比地膜覆盖提早 15 天以上，产量提高 50％以上，产值增加 1 倍以上。四是高产稳产。双膜覆盖能有效地克服南方春季低温阴湿和 6 月梅雨的不利影响，是国内目前最有利于实现稳产高产的重要早熟栽培方式之一。

2. 双膜覆盖的结构和铺设方法

（1）结构　小拱棚加地膜双膜覆盖的结构由地面薄膜覆盖和地上小拱棚覆盖两部分组成。目前主要有两种类型：

①简易地膜双覆盖。即地面和棚面均用 0.015～0.03 毫米厚的地膜覆盖。拱架可用竹片、树枝。地面覆盖的幅宽和小拱棚的跨度均为 50 厘米左右，棚高为 30～40 厘米。这种双覆盖一般难以在盖棚期间进行揭膜通风，南瓜伸蔓后也无法在棚内理蔓，并且蔓很快伸展不开，故只能在天气稍暖后及早撤棚。因此，早熟效果不够理想。

简易双覆盖虽然投资较少，但这种简易双覆盖只能进行天暖后即撤棚的半覆盖方式栽培，不能解决南方坐瓜期梅雨危害问题。因此，在南方不宜过多提倡。

②普通双膜覆盖。即以 0.05～0.08 毫米厚的农膜为棚膜，拱棚跨度较大，地膜盖幅也较宽。一般地膜盖幅和拱棚跨度均为 70～120 厘米，棚高为 50～70 厘米，棚长为 20～30 米。从目前试验结果看，以拱棚内畦面全覆盖地膜为宜。这种双膜覆盖可全生长期覆盖，可在生长期间揭膜通风，尤其适宜在南方梅雨地区采用。

（2）铺膜建棚方法　先按地膜覆盖技术要求铺地膜。地膜要在定植前 5～7 天铺好，以提高地温。作畦铺膜后，先插拱棚架，然后栽苗，边栽苗边扣棚膜。作拱架的弓条应插在地膜覆盖畦的两侧边缘上，避免有未盖膜的土留在拱棚内。其他要求与单层小拱棚覆盖的建棚技术相同。

3. 双膜覆盖栽培技术要点

（1）品种选择　应选择坐瓜节位低，果实发育期短，采收成熟度伸缩性较大，耐低温耐弱光的品种，如小红、小青、小贝、东升等早熟品种。但有些地区和农户多从产量考虑，常选择中熟偏早的品种用作早熟栽培，如密本、黄狼等品种。以上品种虽晚熟数天，但早期产量上升快，总产量比早熟品种高，从栽培技术上采取措施，可缩短与早熟品种采收供应期的差距。

（2）播种育苗　为培育适龄壮秧大苗，达到早熟高产的目的，必须正确地选择育苗播种期。一般当日平均气温达到 10℃左右，而幼苗具有 3～4 片真叶，苗龄 30～40 天左右，此时定植幼苗最易成活，所以育苗播种期必须根据上述三个条件考虑。南方适宜播种期为 2 月中下旬，催芽育苗。此时气温尚低，一般不宜采用冷床育苗的方式，而应采用宽 4 米的中棚，其间套两个跨度 1.8 米的小棚，再在小棚的底部设置电热线，或填装酿热物。

（3）定植、覆膜　提早育苗和提前定植是南瓜双膜覆盖早熟栽培的关键技术措施。适宜的定植期为 3 月底 4 月初，具体掌握

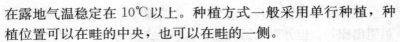

在露地气温稳定在 10℃ 以上。种植方式一般采用单行种植，种植位置可以在畦的中央，也可以在畦的一侧。

（4）合理密植 双膜覆盖栽培应当合理密植，以获得高产，特别是提高早期产量，提高经济效益。生产中，参考栽培密度为 666.7 平方米 800～1 000 株，采用双蔓整枝，坐瓜后不再打杈；有的地区密度为 666.7 平方米 700～800 株，需 2～3 蔓。具体宽度应根据品种、各地实际条件和栽培管理技术来确定。

（5）加强覆盖期间的管理 双膜覆盖栽培的瓜苗定植后，由于当时外界气温尚低，需要依靠拱棚覆盖来创造适宜南瓜生长的温度环境，但因拱棚内空间小，在晴天中午棚内气温可达到40～50℃以上，特别是在天气渐暖时，易造成高温危害；而遇到强寒流天气时，棚内温度又会很快大幅度降低，特别是大多数双覆盖夜间无草帘覆盖，故容易出现寒害。因此，必须加强拱棚覆盖期间的温度管理。

在全期覆盖情况下，一般可在定植后头 7 天左右加强保温，促进活棵和防霜冻危害，之后 14 天内实行 30～35℃ 以下高温管理，促进发蔓和花芽分化。在雌花开放和坐瓜期间应注意防雨，坐瓜以后继续保持夜温，可以防止落果和促进果实膨大。上述拱棚内温度管理可通过拱棚两侧揭起棚膜来实现，由小到大逐渐随天暖加大通风量。开花坐果期间应注意利用拱棚顶部的遮雨作用，确保正常的授粉和坐瓜。棚温管理要避免两种倾向：一是温、湿度过高，造成徒长和诱发病害；二是温度偏低，植株生长缓慢，达不到早熟的目的。

（6）合理整枝，人工辅助授粉 双膜覆盖栽培，多采用早熟、早中熟品种，实行密植栽培，一般较多采用双蔓整枝。对于生长势较强、叶片较肥大的品种，可在留瓜节位雌花开花坐住瓜后，向前再留 15 节，当瓜蔓爬满畦面时打顶；若采用小叶型品种和双蔓整枝时，可保留在坐瓜节位坐瓜以后发生的侧蔓，有利于保证足够的叶面积，从而提高单瓜重和总产量。

在早春双膜覆盖栽培情况下，南瓜雌花开放期尚在棚内，或虽引出棚外，但外界气温尚比较低，昆虫活动很少，因此必须进行人工辅助授粉才能确保按时坐瓜。

双膜覆盖栽培大都存在轮作换茬困难的问题，白粉病等为害日益严重。克服的途径，一是选用抗病品种，二是加强田间管理。

（二）春季大棚南瓜高产栽培

1. 品种选择　宜选择成熟期早、抗逆性及抗病性强的品种，如京绿栗、京红栗南瓜等。

2. 育苗　春季大棚南瓜栽培适宜的播种期一般为 2 月中旬。

（1）育苗前准备　2 月上中旬播种时气温较低，可采用电热温床育苗。

①电热温床的制作。选择透光性好、保温性强的大棚作为育苗大棚，在大棚内做长 22.5 米、宽 1.5 米、深 15 厘米苗床。底面整平踏实后，用功率 1 000 瓦加温线 2 根，在床底纵向布线 12 道，线间距 8～10 厘米，用细土把加温线完全覆盖，覆土深度 1.5～2 厘米。

②营养土配制。用菜园土（未种过葫芦科作物）6 份，加完全腐熟的有机肥 3 份、草炭 1 份，充分拌匀后过筛，装入 10 厘米×10 厘米营养钵，整齐排在电热温床内备用。

③种子处理。首先把选好的种子在晴天暴晒 2 天，可明显促进发芽整齐。晒后的饱满种子放在 50℃的温水中浸种消毒 15 分钟，边倒水边用酒精温度计搅拌，使水温保持在 50℃并持续 15 分钟；然后不断搅拌使水温降到 30℃，浸种 3～4 小时，并搓掉种子表面的粘液，洗净捞出后放于发芽器皿中，并上下铺盖吸湿布。

④催芽。把已消毒好的种子用湿棉纱布包好放在 28～30℃的恒温箱中保温催芽，每天早晚各清洗种子 1 次。36～48 小时

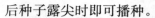

后种子露尖时即可播种。

（2）播种　播种前1天把营养钵用水浇湿浇透，并开通地热线使苗床保持一定的地温。用手在营养钵上压大约2厘米深的小洞，撒毒土（25％甲霜灵可湿性粉剂9克加70％代森锰锌可湿性粉济1克拌细土4千克，拌匀后堆闷24小时备用）。把发好芽的种子放在营养钵小洞内用细土把洞口盖平，再撒毒土，在搭好的小拱棚上覆盖地膜。

（3）苗期管理

①温度管理。遵循出苗前高，出苗后适当降低的原则。

具体管理要求见下表。

生长期	白　天		夜　间	
	土温（℃）	气温（℃）	土温（℃）	气温（℃）
播种～齐苗	25～30	28	25	20～25
齐苗～定植前15天	20～24	22～25	20	15～18
定植前15天炼苗	＞15	22～24	＞12	＞15
炼苗（定植前5天）	＞10	22	＞8	＞15

②水分管理。出苗前管理的重点是保温、保湿，以加快出苗。苗期一般不浇水，但当发现营养钵中的土发干时，要及时喷施25℃左右的温水，不要过多，以防烂种，当50％以上幼苗出土时，应揭开塑料薄膜放风炼苗以防徒长。子叶期和小苗期要保证充足的光照，同时昼温要控制在20～25℃，夜温在15～18℃。地温在20～23℃。为了增加侧根群的发生，培育壮苗，应及时倒苗并浇透底水。壮苗标准：株高21～23厘米，茎粗1厘米左右，真叶4～5片，叶柄与茎成45度角，苗龄25～30天。

3. 定植

（1）整地、施肥　为创造有机质丰富、疏松、通透性良好的土壤环境，应重视优质有机肥的施用。在定植前10～15天，每

666.7平方米施入腐熟的优质圈肥6 000～7 500千克，混施腐熟的鸡粪500～1 000千克、过磷酸钙40～50千克，施肥后深翻耙平。为了提高棚内温度，可在定植前15天扣膜。

（2）做畦 大棚栽培南瓜，为增加株数，节约土地使用面积，可采用立架栽培、单蔓或双蔓整枝的方法。所以，底肥采用铺施的方法。在棚室中种植南瓜，宜采用大小垄栽植。大垄宽2～2.2米，栽植双行；小垄行宽50厘米，两小垄行间宽30～40厘米（作为膜下灌溉沟），双行总宽为1.3～1.4米。大垄之间的小行距为70～80厘米（作为农事操作走廊）。在大垄双行上覆盖地膜，进行膜下灌溉或膜下铺设滴灌带进行滴灌。

（3）定植

①定植标准。棚内10厘米深的土壤温度连续5天稳定在8℃以上时即可选择晴天进行定植，北京地区在3月25日左右即可定植。定植前7～10天加大育苗棚通风量进行炼苗，苗龄基本达到3～5片真叶为定植适期；棚内种植应加盖地膜，地膜覆盖栽培较不扣地膜栽培的提前4～5天定植。

②定植方式和定植密度。选择无风晴天上午定植，先打穴后放苗，定植方式为每一垄都定植双行，三角种植法，小行距70厘米，株距60厘米，大行距2米，有条件可用1米长小竹片搭小拱棚，进行二层覆盖，可提早收获7～10天，同时也有利于提高温度保持湿度，促进缓苗。注意每666.7平方米保苗1 200株左右。

4. 田间管理

（1）温度管理 前期外界温度偏低，在管理上以保温为主，尽量减少通风，适当晚通风早覆盖。为降低棚内湿度，要采用地膜覆盖，膜下灌水或采用滴灌措施。随天气转暖，可晚盖早揭草苫或通风口，同时加大通风量。南瓜喜冷凉和较低的空气湿度，在每次浇水后，应视天气状况加大通风量，以排除棚内的湿气。

（2）肥水管理 小水勤浇，前控后促。当植株缓苗后，加强根部培土，不缺水时尽量不再浇水，但如果气温偏高或土壤底水不足，幼苗生长缓慢，中午叶片出现打蔫现象，可结合浇水追肥一次，每 666.7 平方米追施尿素 10～15 千克。当第一个瓜长到拳头大小时，每 666.7 平方米追施磷酸二铵 20 千克或氮磷钾复合肥 25 千克，或追施膨化鸡粪 20～30 千克。第三次追肥可于第一个商品瓜采收，第二个瓜开始坐瓜时，追施腐熟人粪尿 1 000 千克或复合肥 25 千克。以后再根据植株生长势及结瓜情况进行分次追肥。在果实膨大期还可进行叶面追肥，喷施 0.1％尿素加0.3％磷酸二氢钾。

（3）植株调整 在保护设施条件下，宜采用单蔓整枝或假单蔓整枝法。单蔓整枝是只留主蔓，将其余侧枝全部去除，并将主蔓引导并缠到绳上。根瓜分化时外界环境条件较为恶劣，所以根瓜发育受阻，常常出现畸形瓜和小瓜，除非极早熟栽培一般不留，待第二、第三瓜开放时（结瓜节位在 12 节以上），及时留瓜。当第一个瓜采收后，下部叶片开始发黄，可打掉老叶，坐秧盘蔓，使主蔓爬到架顶，保证植株功能叶获得最好的生育条件。假单蔓整枝的方法是：第一个瓜坐住后，保留瓜上 3～4 片叶后摘心，并保留 1 个侧枝，待侧枝果坐住后，瓜前留 3～4 片叶再行摘心，以后仍需坐秧盘蔓。

（4）人工授粉 南瓜开花、坐果的适宜温度为 25℃左右，低温与高温均易造成化瓜。如遇连雨天，更是不易坐瓜。棚内栽培缺少昆虫，必须进行人工辅助授粉，促进坐瓜。授粉的时间以上午 7～11 时为宜。没有雄花时，雌花开放后需用 40 毫克/升的2，4‐D 加 1％的速克灵可湿性粉剂溶液涂抹果柄或柱头。结瓜后根据植株的长势决定留瓜的多少，一般每株留瓜 1～2 个，肥水条件充足的，一株可留 2～3 个瓜。

5. 采收 南瓜多以采收老熟瓜为主，老熟瓜糖分高，淀粉高，外观漂亮，耐运输耐储藏。开花后 40 天，瓜柄龟裂木质化时即可采收。

南瓜的管理比较省工，适应性强，栽培的风险度很低，再加上南瓜还可以储藏一段时间，如果采收上市季节价格偏低，可适当贮藏一些，等价格回升之后再陆续上市，收益相当可观。因此，大棚栽培南瓜也是春季比较好的茬口安排。

（三）日光温室秋冬茬南瓜栽培

1. 播种期的确定　秋冬茬日光温室南瓜，产品上市期应避开秋季塑料大棚南瓜产量高峰，延晚上市，填补冬季市场的空白。直播栽培，播种期应在 8 月下旬至 9 月上旬。育苗移栽，可在 8 月中、下旬播种，11 月上旬至翌年 1 月采收。

2. 品种选择　宜选用苗期抗热性强的品种。由于具备这种特性的品种目前还不多，通常选过渡性如品种京绿栗南瓜、京红栗南瓜等，这些品种较抗病毒病，品质佳，产量高。

3. 育苗　秋冬茬南瓜育苗期正处于高温多雨季节，因此育苗的关键是降温、防雨。

（1）整地　苗床应选择地势高燥、土质肥沃、排灌方便的地块或夏季休闲的温室中，做成 1.5 米宽的畦，畦面耙平后撒施 3 厘米厚的有机肥，翻 10 厘米深，使肥料和土壤充分混合，划碎土块，耙平畦面，浇透底水，水下渗后用刀割成 10 厘米见方的营养土块。

（2）浸种、催芽　先用 55℃温水浸种 20 分钟，水温下降后继续浸泡 4～5 小时捞出，用清水反复漂洗干净，除去不饱满种子，用湿毛巾包好放在 28℃左右的温度下催芽，36～40 个小时即可出芽。

（3）播种　种子处理后，待芽长到 0.2～0.4 厘米时，把种子播于营养土块中央。先用铲子挖 1 厘米深小坑，将种子平摆于小坑内，然后覆 1.5 厘米厚的营养土。

（4）苗期管理　秋冬茬南瓜育苗期间温度较高，光照强，必须减弱光照强度才能达到降温的目的。最好利用遮阳网，也可用

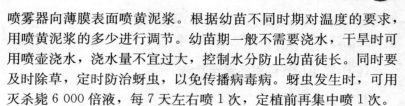

喷雾器向薄膜表面喷黄泥浆。根据幼苗不同时期对温度的要求，用喷黄泥浆的多少进行调节。幼苗期一般不需要浇水，干旱时可用喷壶浇水，浇水量不宜过大，控制水分防止幼苗徒长。同时要及时除草，定时防治蚜虫，以免传播病毒病。蚜虫发生时，可用灭杀毙 6 000 倍液，每 7 天左右喷 1 次，定植前再集中喷 1 次。

4. 定植 定植前整平地面，每 666.7 平方米施腐熟有机肥 3 000～5 000 千克，有条件的可混入复合肥 20 千克，深翻、耙平，按 1 米行距开沟起垄，搂平垄面。幼苗三叶一心时定植，按 50 厘米株距将苗坨摆入开好的沟（或穴）中，用少量土稳定苗坨，逐沟（或穴）浇水，水渗下后封堆。

5. 定植后管理

（1）温度调节 这茬南瓜定植时，大多数地区的外界温度尚能维持南瓜的正常生长，但当日平均气温降到 18℃时必须开始扣膜，到日平均气温降到 15℃时，必须扣完，再晚，植株受到生物学零摄氏度的危害，表面虽无明显症状，但生长要受到严重影响。当温室内温度夜间降到 10℃以下时，及时覆盖草帘，晚盖早揭。随着外界气温的进一步下降，早晨揭苫时间适当延晚，午后室温降至 15℃时盖上草苫保温。

（2）水肥管理 定植缓苗后，不干旱时不浇水，浇水要隔沟浇，浇水后适时进行松土培垄保墒。温室覆膜后，浇水后应加强放风，降低空气湿度。第一瓜坐住并开始膨大时，666.7 平方米追尿素 20～30 千克，肥随水施。当表土干湿适宜时及时松土培垄。结果期间的水肥管理，应根据植株长势进行。

（3）其他管理 吊蔓与植株调整等管理与冬春茬栽培相同。秋冬茬南瓜由于生育前期温度较高，而中后期温度低，对授粉不利，因此仍需进行蘸花和人工授粉。蘸花时可用 2,4-D 或防落素，浓度为 50～100 毫克/升，人工授粉应在上午 9～10 时进行。

6. 采收 采收方法同冬春茬南瓜。由于秋冬茬栽培采收前期温度较高，应尽量提高采收频率；随着温度的不断下降，果实发育逐渐趋于缓慢，应降低采收频率。

（四）南瓜日光温室冬春茬栽培

1. 育苗

（1）播期的确定　播期主要根据日光温室的保温性能而定。采光好、保温好的日光温室可在 11 月下旬播种育苗，第二年 3 月中旬收瓜。反之，播期可往后延至第二年的 1 月。

（2）苗床的准备　苗床应设在日光温室的中部。宽 1.5～2.8 米，长度根据实际需苗数而定。采用火炕或地热线控制地温，营养钵采用塑料钵为好。营养土选没有种过瓜类作物的沙壤土与腐熟农家肥按 7：3 的比例掺匀，然后每立方米营养土再掺入 2.5% 辛硫磷 50～60 克、75% 敌克松可湿性粉剂 80～100 克、硫酸钾复合肥 1 000 克（或硫酸钾 500 克、磷酸二铵 500 克），过筛后充分拌匀后装入直径 10 厘米的营养钵中，或者在每立方米营养土中加 270 克多元壮苗素。营养土装钵后，在苗床上摆放整齐备用。

（3）浸种催芽　在浸种前，应选晴好天气晒种二三天，借阳光中的紫外线杀死种子表面的病原菌，或者直接用 1% 的高锰酸钾溶液或 40% 的多菌灵 500 倍液或 40% 的甲醛 100～150 倍液，浸种 10 分钟，捞出洗净。放入 55℃ 左右的温开水中，并不断搅拌至常温，浸泡 4～6 小时后充分清洗，取出沥干，然后用湿纱布包好在 28～30℃ 条件下催芽 36～40 小时，待种子露白后即可播种。

（4）播种及床温的控制　苗床在播前 2 天浇水，选择好天气播种。播时将催好芽的种子平放在营养钵中，不可直立播放，以免种子"带帽"出土。播后覆土 1～1.5 厘米，不可太厚，以免影响出苗；然后覆盖地膜，再撑小拱棚，如需要，夜晚可扣盖草苫保温。出苗前温度应控制在 28～30℃，出土后撤去地膜，白天温度 22～25℃，夜晚 15～17℃，以保证幼苗健壮且不易成高脚苗。但温度也不可太低，低温高湿易引起沤根和猝倒病。第一真叶伸展后，胚轴较老不易徒长时，白天温度可提高到 25～28℃，夜温 16～18℃。当遇上较长时间的阴雪天气时，每立方米可安装一盏 200 瓦的电灯补光增温，以避免寡照低温为害。床土以见干见湿为度。在定植前五六天低温炼苗，白天温度可降至 20～22℃，夜温降至 10～15℃，并严格控制湿度，使幼苗得到锻炼，以适应定植后的环境。

2. 定植

（1）适期定植　苗龄以 2 叶 1 心至 3 叶 1 心为定植适期，过晚定植伤根严重，植株生长恢复慢。定植时选晴好天气，定植后不可大水漫灌，以免地温过低，引起沤根死苗。通常采用点水或小水轻浇，并及时扣上小拱棚，以利提高地温，促进发根缓苗。

（2）定植方法　南瓜立架栽培采用南北向，宽窄行种植，有利通风透光，且便于人工操作。畦面宽行距离 100 厘米，沟边窄行距离 60 厘米，平均行距 80 厘米，株距 35～45 厘米，每666.7 平方米栽种 1 800 株左右。定植时，距畦边 10 厘米处开穴，深 10 厘米，穴底撒施硫酸钾复合肥 10 克；将瓜苗带土坨轻放穴内，浇足水，栽后不要急于封土，应于下午 2：00～3：00待穴温提高后再以热土封穴；定植后用黑地膜全覆盖，并开口将瓜苗放出。

3. 定植后的管理

（1）插架或吊蔓　当小拱棚内的幼苗已伸蔓显得拥挤，温室内最低气温又在临界温度 5℃以上时，即可撤去小拱棚，进行插架或吊蔓。插架可用 2 米左右的竹竿或树根。架材结实，可插成单排架；架材不结实，可插成"人字"形架，1 株 1 根架材。主蔓上架，基部侧蔓爬地，当主蔓长达 40 厘米左右，即可绑蔓；以后每隔 30 厘米绑蔓 1 次，对长势过旺者，可采用曲折绑蔓的方法控制长势。也可采用吊蔓的方式，即在瓜苗上方 2 米处，南北向拉钢丝，从钢丝上引 2 条引绳（材料可用塑料绳），其中 1 条引绳待瓜秧长至 20 厘米时，将瓜秧缠上，另 1 条待幼瓜坐住至 1 千克左右时，用绳圈或网兜托住吊起，以防瓜大坠落。这样植株可利用立体空间充分生长，发挥增产潜力，获得高产。

（2）整枝打杈　进行日光温室冬春栽培时，因生长前期光照差，温度低，植株生长势弱，通常坐第一果时，无需整枝打杈。对于生长势强的植株，可让其基部侧蔓爬地生长，长至 30～40 厘米即可摘心；对主蔓中部侧枝，坐瓜节以下的侧枝可打杈。对于一般植株，待坐第 2 瓜，枝叶密蔽，严重影响光合作用时，再行整枝打杈。

（3）温度管理　北方温室冬春栽培南瓜，苗期正处于全年日照最短、温度最低的寒冬腊月，栽培难度极大，低温寡照成了限制南瓜生长的主要因子。因此，如何增加光照，提高温度以及保持适宜温度，是栽培成功的关键。在跨度 7～8 米的日光温室内，为增加采光面，其屋脊不得低于 3 米；后墙还可悬挂反光幕，以增强室内光照；选用透光性能好的 EVA 无滴膜（乙烯-醋酸乙烯聚合物）作棚膜；经常清扫棚膜灰尘，保持棚膜清洁透光。保温主要是增加墙体厚度（不小于 1 米），挖防寒沟以及用保温性能好的覆盖物等。棚膜上可覆盖 2 层草苫或 1 层草苫 1 层纸被，在北纬 43°地区，采用棉被或化纤毛毯，保温效果更好。在植株生长前期，一方面要防止低温高湿引起的沤根、猝倒病，另一方面又要防止高温高湿以及弱光引起的植株徒长。温度管理方面，生长前期（定植到第 1 果坐牢），白天温度以 25℃为宜，夜间以 16～18℃为宜；到了生长中后期（坐果至成熟），白天温度可提高到 27℃，夜温 17℃，加速果实生长发育，以利早熟高产。

（4）肥水管理　幼苗定植缓苗后，浇 1 次缓苗水，在开花授粉前，通常不再浇水。待根瓜坐住有鸡蛋大小时，开始浇水追肥，666.7 平方米施磷酸二铵 50 千克、硫酸钾 35 千克，分 2 次施入，以水带肥，加速瓜的膨大，采收前五六天停止浇水，以利

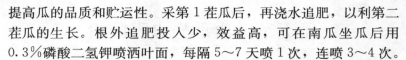

提高瓜的品质和贮运性。采第 1 茬瓜后，再浇水追肥，以利第二茬瓜的生长。根外追肥投入少，效益高，可在南瓜坐瓜后用0.3％磷酸二氢钾喷洒叶面，每隔 5～7 天喷 1 次，连喷 3～4 次。

（5）施放二氧化碳气肥　立架栽培南瓜因为种植密度大，光合作用强，二氧化碳的供应相对不足，单靠通风解决不了光合作用对二氧化碳的需求，因此温室内必须追施二氧化碳气肥。施放时间在雌花开放后，晴天上午 9：00～10：00，用硫酸碳铵反应法或燃烧二氧化碳气棒法，连续使用，可显著提高南瓜产量和含糖量。

（6）人工辅助授粉及护瓜　授粉期间白天以 25℃ 为宜，不得超过 28℃，以免高温徒长引起化瓜。授粉时间以上午 9：00以前为佳，授粉时用雄花花粉将雌花柱头抹匀，授粉量要大，以 1 朵雄花授 2～3 朵雌花为宜。如遇阴雨天不易坐瓜时，可用坐瓜灵帮助坐瓜。当瓜长大后需及时护瓜。为防止瓜沉下滑，可用塑料绳拴牢瓜柄吊起，或用网袋套住，草圈、硬纸板等物托住均可。搭架栽培瓜着色均匀，艳丽美观，商品性好，售价高。

（7）病虫害防治　日光温室南瓜立架栽培的病虫害防治要以预防为主，综合防治。在预防病害方面，加强通风透光，增施有机肥，保持植株健壮生长，同时适量喷药，以波尔多液为主，每10～12 天喷 1 次，花前喷 240 倍等量式波尔多液，坐瓜后喷 200倍等量式波尔多液；如病害已发生，可针对病害种类选择其他高效低毒杀菌剂。

常见的病害有枯萎病、炭疽病、疫病、霜霉病等。对于枯萎病应及时拔掉病株，带到室外烧毁，对带病的土壤应及时撒上生石灰消毒。炭疽病、疫病、霜霉病等，可用世高、和瑞、爱苗、阿米西达、金雷多米尔等喷雾，也可用百菌清烟雾剂熏烟防治。

害虫主要是蚜虫和白粉虱等，可用阿立卡、绿浪、吡虫啉、蚜虱净、乐斯本等喷雾。也可用敌敌畏烟剂熏杀，22％的敌敌畏烟剂用量 666.7 平方米 60～90 克。

第五节　南瓜病虫害防治

一、病害

（一）病毒病

瓜类病毒病又称花叶病，在我国凡是种植瓜类作物的地区几乎都有发生，特别是南瓜、西葫芦病毒病在田间发病最早也最重。北方地区以花叶型病毒为主；江淮地区近几年蕨叶型病毒病发生较普遍。病毒病的发生严重影响了南瓜的产量和品质，表现为结瓜数明显减少，商品瓜重量变小，使外观艳丽的南瓜变成了红黑相间的花脸南瓜，有些病毒病严重的植株所结南瓜甚至出现黑皮南瓜，南瓜表面也变的凹凸不平，有的布满了大小不等的瘤状突起，完全丧失了南瓜固有的商品性，给种植者造成了严重的经济损失。

1. 症状识别　侵染葫芦科的病毒有 10 多种。由于病原种类不同，所致症状也有差异，主要有花叶型、皱缩型、黄化型和坏死型、复合侵染混合型等。花叶型植株生长发育弱，首先在植株顶端叶片产生深浅绿色相间的花叶斑驳，叶片变小卷缩，畸形，对产量有一定影响。而皱缩型，叶片皱缩，呈泡斑，严重时伴随有蕨叶、小叶和鸡爪叶等畸形。叶脉坏死型和混合型，叶片上沿叶脉产生淡褐色的坏死，叶柄和瓜蔓上则产生铁锈色坏死斑驳，常使叶片焦枯，蔓扭曲，蔓节间缩短，植株矮化。果实受害变小，畸形，引起田间植株早衰死亡，甚至绝收。

2. 侵染循环　南瓜病毒病由病毒侵染所致，主要有 3～4 种病毒在南瓜上复合侵染危害。因病毒的种类较多，越冬地点也较复杂，有的病毒可在多年生杂草上和越冬蔬菜上越冬，有的病毒可在种子或土壤中越冬。借助蚜虫或白粉虱传毒，也可靠摩擦进行传毒，病毒能够侵染的寄主较多。

3. 发病条件 天气干旱，蚜虫发生严重时，病毒病发病重。温室白粉虱发生多，病毒病也重。田间杂草多，不能及时除草，水分供应不足，植株长势衰弱，发病也重。田间管理粗放，人为传播，都可加重病毒病发生。

4. 综合防治技术

（1）种子处理 种子干热消毒，用干热恒温箱先以 40℃ 处理 24 小时后，再在 18℃ 下处理 2～3 天，可减轻种子带毒率。用 10％磷酸三钠溶液浸种 20 分钟后，用清水洗净后，再播种，可使种子表面携带的病毒失去活性。

（2）培育无病苗 选用无病土作床土，施用完全腐熟的有机肥作基肥，并严防蚜虫和白粉虱，进入苗床为害幼苗和传毒。积极防治蚜虫和白粉虱，定植前对幼苗进行一次喷药防治，做到幼苗带药定植。加强栽培管理，及早铲除田间地头的杂草。采用配方施肥技术，适量增施磷钾肥。及时浇水，防止干旱。结瓜后，带肥浇水。

（3）防止人为传播 及早拔除病株，放入塑料编织袋内，带到田间外深埋。手摸病株后应用肥皂洗手，再进行农事操作。病株和健株应分别管理。

（4）喷药防治 在发病初期，可用 20％病毒 A 可湿性粉剂 500 倍液，或 1.5％植病灵乳剂 1 000 倍液，或 83 增抗剂 100 倍液，进行喷雾。每隔 10 天喷 1 次药，连喷 2～3 次，每 666.7 平方米每次喷药液 50～60 千克。

注意事项：

①对于病毒病，目前尚无有效的化学药剂用于防治，一般采用预防为主的综合防治措施，种子消毒和消灭蚜虫、温室白粉虱，防止传毒是关键措施。

②有条件的地方，苗期可用 S52 弱毒疫苗接种。

（二）细菌性缘枯病

该病病原为边缘假单胞菌边缘假单胞致病型，除侵染南瓜外，还可侵染黄瓜。南瓜的叶、叶柄、茎、卷须和果实均可受害，初在水孔附近产生水浸状小斑点，后扩大为淡褐色不规则形斑，周围有晕圈。严重的产生大型水浸状病斑，由叶缘向叶中间扩展呈楔型，叶柄、茎等上病斑亦呈水浸状，褐色。果实染病先在果柄上形成水浸状病斑，后变褐色，果实黄化凋萎，脱水后成木乃伊状。湿度大时病部溢出菌脓。该病的发生主要受降雨引起的湿度变化及叶面结露影响。当湿度上升到 70% 以上或饱和达6~8 小时即可发病，结露时间越长发病越重。

防治方法：用 50℃温水浸种 20 分钟，捞出晾干后催芽播种，还可以用次氯酸钙 300 倍液浸种 2 小时或 100 万单位硫酸链霉素 500 倍液浸种 2 小时。冲洗干净后催芽播种。选无病土育苗，与非瓜类作物实行 2 年以上轮作，加强田间管理，及时清除病叶，在发病初期或蔓延开始期可选用 50% 甲霜铜可湿性粉剂 600 倍液，也可选用 72% 农用链霉素 4 000 倍液喷雾。

（三）白粉病

病原为子囊菌亚门单丝克白粉真菌。6 月上旬开始发生，该病以菌丝或分生孢子在寄主上越冬或越夏，成为翌年初侵染源。分生孢子借气流或雨水传播落在寄主叶片上，分生孢子先端产生芽管和吸器从叶片表皮侵入，菌丝体附着在叶表面，从萌发到侵入需 24 小时，5 天后在侵染处形成白色菌丝丛状病斑，经 7 天成熟形成分生孢子，进行再侵染。白粉病能否流行取决于湿度和寄主的长势，一般湿度大有利于其流行。

防治方法：发病初期，优先选用 43% 好力克悬浮剂 3 000 倍液，也可用 20% 粉锈宁乳油 500 倍液，或 12.5% 烯唑醇可湿性粉剂 1 200~1 500 倍液喷雾或多硫悬浮剂 500~600 倍液。做到早预防、午前防、喷周到和大水量。保护地可采取烟雾法，硫黄粉熏烟或 45% 百菌清烟剂熏。

（四）疫病

1. 主要症状　茎蔓发病较重，叶和果实发病较少，成株期受害重，苗期较轻。发病初期茎基部呈暗绿色水渍状，病部渐渐缢缩软腐，呈暗褐色，病部叶片萎蔫，不久全株枯死，病株维管束不变色。叶片受害产生圆形或不规则形水渍状大病斑，发展速度快，边缘不明显，干枯时呈青枯，叶脆易破裂。瓜部受害软腐凹陷，潮湿时，表面长出长而稀疏的白色霉状物。

2. 发病规律　病菌在土壤中越冬，种子不带菌。病菌随雨水飞溅或灌溉水传到茎基部或近地果面皮上，引发病害。气温25～30℃、空气相对湿度80％以上发病重。一般雨天或雨天过后天气突然转晴，气温迅速升高，病害易流行。田间积水，种植密度大，田间通风透光不好发病重。

3. 防治方法

（1）选择 5 年以上没种过葫芦科作物的田块种植，避免连作。

（2）选用抗病品种，采用高畦栽培，避免田间积水，中午高温时不要浇水，严禁漫灌或串灌；果实膨大后采取稻草等垫瓜，避免果面直接接触地面。

（3）可用 70％疫毒灵（乙磷铝）可湿性粉剂灌根或喷雾，对疫病防治效果较好。也可用 58％甲霜灵锰锌可湿性粉剂 500倍液，或 75％百菌清可湿性粉剂 600 倍液灌根，每株灌根 250～300 毫升，每 7～10 天 1 次，连灌 3～4 次。

（五）炭疽病

南瓜炭疽病（*Colletotrichum orbiculare*）是由半知菌亚门葫芦科刺盘孢菌引起的一种真菌性病害，在南瓜各生长期都能发生。该病一旦发生，将会严重影响南瓜产量和品质，在生产中应注重防治。

1. 症状 幼苗期发病，病苗子叶上出现褐色圆形病斑，蔓延至幼茎茎基部缢缩而造成猝倒；成株期发病，病叶初呈水浸状圆形病斑，后呈黄褐色，偶有同心轮纹，外围有一紫黑色晕圈。在茎或叶柄上，病斑长圆形，凹陷，初呈水浸状黄褐色后变成黑色，病斑蔓延茎周围，则植株枯死。果实病斑初呈暗绿色水浸状小斑点，扩大后呈圆形或椭圆形，暗褐至黑褐色，凹陷，龟裂，湿度大时中部产生红色黏质物。

2. 传播途径 病菌主要以菌丝体或拟菌核在种子上或随病残株在田间越冬，第 2 年条件适宜时，产生大量分生孢子，成为初侵染源。后病部又能形成分生孢子盘及分生孢子，造成再次侵染。病菌分生孢子传播主要依靠雨水或地面流水的冲溅，故一般贴近地面的叶片首先发病。

3. 发病条件 湿度是诱发南瓜炭疽病的主要因素，持续 87%～95% 的高湿时，病菌潜育期只需 3 天，湿度越低，则病菌潜育期越长。如果湿度降低至 54% 以下，此病就不能发生。病菌发育温度 10～30℃，发育适温 22～24℃。在条件适宜情况下，南瓜炭疽病发病速度快，如不及时防治，2～3 天后病害明显加重，植株生长受抑制、秋天嫩瓜受害数明显增多，未防治田甚至会出现毁种现象。

4. 防治措施

（1）采用地膜覆盖栽培技术，可减轻病害。

（2）发病初期每 666.7 平方米用 50% 多菌灵可湿性粉剂 100 克，或 70% 甲基托布津可湿性粉剂 70～80 克，或 75% 达克宁可湿性粉剂 100 克，或 25% 施保克乳油 60 毫升或 80% 大生可湿性粉剂 50～70 克喷雾防治，每隔 7 天喷一次，共喷 2～3 次。

值得注意的是：由于南瓜炭疽病一般年份均可见数个病斑，但不能造成较大危害，因此不可见到病斑就盲目施药，应根据气象条件和田间观察而决定是否进行防治。当田间观察已初生病斑，并且气象条件适宜，第 2 天观察病情有加重趋势，应立即进

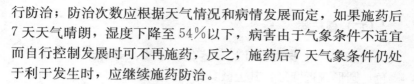

行防治；防治次数应根据天气情况和病情发展而定，如果施药后7天天气晴朗，湿度下降至54%以下，病害由于气象条件不适宜而自行控制发展时可不再施药，反之，施药后7天气象条件仍处于利于发生时，应继续施药防治。

（六）立枯病

1. 症状 苗期发病，子叶发黄，幼苗萎蔫，茎部褐变，但无水浸状木栓化斑。随病情发展，茎基部变为淡褐色，有时出现褐色裂痕。严重时真叶萎蔫，湿度高时，萎蔫部位生出灰色绒状霉层，茎腐烂，植株枯死。定植后的发病症状同上，主要导致茎、叶和根腐烂。果实发病，在果面出现圆形或不规则形灰褐色病斑，逐渐腐烂。

2. 发病规律 该病属于土传病害，病菌主要侵染植物的根与茎基部。病菌生育适温为25～28℃，除南瓜之外，还侵染西瓜、甜瓜、黄瓜和香瓜等葫芦科蔬菜。

3. 防治方法

（1）农业措施 病原菌可在土壤中长期生存，经土壤和种子传染，因此应从健壮植株上采种，种子在使用前要消毒，必要时，床土及栽培田也要消毒。病株、病果应尽早剔除，深埋或焚烧。

（2）药剂防治 发病初期用50%多菌灵可湿性粉剂500倍液，或50%甲基托布津可湿性粉剂400倍液，或25.9%抗枯宁可湿性粉剂500倍液，或浓度为100毫克/升的农抗120溶液，或0.3%硫酸铜溶液，或50%福美双可湿性粉剂500倍液加96%硫酸铜1 000倍液，或5%菌毒清可湿性粉剂400倍液，或10%双效灵可湿性粉剂200～300倍液，或800～1 500倍高锰酸钾，或60%琥·乙磷铝350倍液，或20%甲基立枯磷乳油1 000倍液等药剂灌根，每株250毫升，5～7天1次，连灌2～3次。灌根时加0.2%磷酸二氢钾效果更好。用"瑞代合剂"（1份瑞毒霉，2份代森锰锌拌匀）140倍液，于傍晚喷雾，有预防和治疗作用。

（七）蔓枯病

1. 症状　主要为害叶片、茎蔓和果实。叶片染病，病斑初褐色，圆形或近圆形，其上微具轮纹。茎蔓染病，病斑椭圆形至长梭形，灰褐色，边缘褐色，有时溢出琥珀色的树脂状胶质物，严重时形成蔓枯。果实染病，初形成近圆形灰白色斑，具褐色边缘，发病重时形成不规则褪绿或黄色圆斑，后变灰色至褐色或黑色，最后病菌进入果皮引起干腐。

2. 发生规律　以分生孢子器、子囊壳随病残体或在种子上越冬。翌年，病菌可穿透表皮直接侵入幼苗，通过浇水和气流传播。生长期高温、潮湿、多雨，植株生长衰弱发病较重。

3. 防治方法

（1）农业措施　施足充分腐熟有机肥。生长期间及时摘除病叶，收获后彻底清除病残体烧毁或深埋。

（2）种子处理　种子在播种前先用 55℃ 温水浸种 15 分钟，捞出后立即投入冷水中浸泡 2～4 小时，再催芽播种。

（3）涂茎防治　发现茎上的病斑后，立即用高浓度药液涂茎上的病斑，可用 36％ 甲基硫菌灵悬浮剂 50 倍液，40％ 氟硅唑乳油 100 倍液，用毛笔蘸药涂抹病斑。

（4）喷药防治　发病初期，可喷洒 75％ 百菌清可湿性粉剂 600 倍液＋50％ 甲基硫菌灵可湿性粉剂 500 倍液，或 75％ 代森锌可湿性粉剂 500 倍液＋50％ 多菌灵可湿性粉剂 500 倍液，或 80％ 代森锰锌可湿性粉剂 500 倍液＋40％ 氟硅唑乳油 4 000 倍液，或 75％ 代森锌可湿性粉剂 500 倍液＋50％ 异菌脲可湿性粉剂 800 倍液喷施，间隔7～10 天后再防治 1 次。

（八）黑星病

1. 症状　叶片上产生黄白色圆形小斑点，后穿孔留有黄白色圈。茎蔓、瓜条病斑初时污绿色，后变暗褐色，不规则形，凹陷、流胶，俗称"冒油"。潮湿时病斑上密生烟黑色霉层。

2. 发生规律 以菌丝体在病残体内于田间或土壤中越冬，成为翌年初侵染源。病菌主要从叶片、果实、茎蔓的表皮直接穿透，或从气孔和伤口侵入。春秋气温较低，常有雨或多雾，此时也易发病。重茬、浇水多和通风不良，发病较重。

3. 防治方法

（1）农业措施 施足基肥，增施、磷钾肥，培育壮苗，合理密植，适当去除老叶。

（2）种子处理 用50％多菌灵可湿性粉剂500倍液浸种20分钟后冲净，再用清水浸种后催芽，或用冰醋酸100倍液浸种30分钟。

（3）喷药防治 发病初期，喷洒50％多菌灵可湿性粉剂800倍液＋70％代森锰锌可湿性粉剂800倍液，或2％武夷菌素水剂150倍液，或75％百菌清可湿性粉剂600倍液＋50％苯菌灵可湿性粉剂1 500倍液，或80％敌菌丹可湿性粉剂500倍液＋70％甲基硫菌灵可湿性粉剂700倍液，或65％代森锌可湿性粉剂500倍液＋50％异菌脲可湿性粉剂1 000倍液等药，间隔7～10天喷药1次，连续防治3～4次。

（九）银叶病

1. 症状 叶片初期表现为沿叶脉变为银色或亮白色，以后全叶变为银色，在阳光照耀下闪闪发光，但叶背面叶色正常，常见有烟粉虱成虫或若虫。

病原 Whitefly transmitted geminivirus（WTG）烟粉虱传双生病毒。病毒粒子为孪生颗粒状，基因组为单链环状 DNA。

2. 发生规律 WTG 为广泛发生的一类植物单链 DNA 病毒，在自然条件下均由烟粉虱传播。此病春、秋季都可发生，受烟粉虱为害后即感染此病，多数棚室发病率很高，受害轻时后期可在一定程度上恢复正常。

3. 防治方法 调整播种育苗期，避开烟粉虱发生的高峰期。加强苗期管理，把育苗棚和生产棚分开。清除杂草和残株，通风口用尼龙纱网密封，控制外来虫源进入。

发生烟粉虱及时用烟剂熏杀，培育无虫苗。育苗前和栽培前要彻底熏杀棚室内的残虫。

烟粉虱为害初期，可选用1.8%阿维菌素乳油2 000～3 000倍液，或40%阿维敌畏乳油1 000倍液，或25%噻嗪酮可湿性粉剂1 000～1 500倍液，或10%吡虫啉可湿性粉剂2 000倍液喷雾防治烟粉虱。

（十）黑斑病

1. 症状 主要为害叶片和果实。果实染病初生水渍状小网斑，褐色，后病斑逐渐扩展为深褐色至黑色病斑。叶片染病，病斑生于叶缘或叶面，褐色，不规则形，严重时，致叶大面积变褐干枯。

病原 *Alternaria cucumerina* 称瓜链格孢，属半知菌亚门真菌。

2. 发生规律 病菌在土壤中的病残体上越冬，在田间借气流或雨水传播，条件适宜时几天即显症。坐瓜后遇高温、高湿易发病，田间管理粗放、肥力弱发病重。

3. 防治方法 选用无病种瓜留种，增施有机肥，提高抗病能力。

发病初期，喷洒50%异菌脲可湿性粉剂1 000倍液＋80%代森锰锌可湿性粉剂500倍液，或50%多菌灵可湿性粉剂800倍液＋70%代森锰锌可湿性粉剂800倍液，或2%武夷菌素水剂150倍液＋50%多菌灵可湿性粉剂600倍液，或2%武夷菌素水剂150倍液，或80%苯菌灵可湿性粉剂800～1 200倍液＋75%百菌清可湿性粉剂600倍液，或80%敌菌丹可湿性粉剂500倍

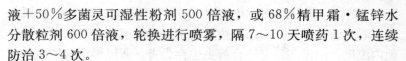

液＋50％多菌灵可湿性粉剂 500 倍液，或 68％精甲霜·锰锌水分散粒剂 600 倍液，轮换进行喷雾，隔 7～10 天喷药 1 次，连续防治 3～4 次。

（十一）根结线虫病

南瓜感染根结线虫病以后，生长缓慢、停滞，植株僵老直立，叶缘发黄或枯焦，严重时地下根部侧根腐烂，导致整株枯死。植株发病后可发现侧根、须根上生出许多大小不等的瘤状物，即虫瘿，剖开虫瘿可见其内藏有很多黄白色卵圆形雌线虫。

防治方法：①实行 2 年以上轮作，有条件的最好实行水旱轮作。②收获后及时清除病残根深埋或烧毁。深翻土地，深度要求达到 24 厘米，把在表土中的虫瘿翻入深层，减少虫源。③在播种或定植前用 98％必速灭微粒剂（棉隆），砂质土每 666.7 平方米用 5～6 千克，黏质土每 666.7 平方米用 6～7 千克，撒施或沟施于土层 20 厘米深处，施后盖土，用薄膜覆盖封闭杀虫，经 10～15 天后再播种；或在播种前 7～20 天用 80％二氯异丙醚乳油 5 千克，兑细土 10～20 千克进行土壤处理；或 3％米乐尔颗粒剂，苗期每 666.7 平方米用量 1～1.5 千克，成株期 1.5～2 千克沟施。

二、虫害

（一）蚜虫

蚜虫又称蜜虫、油虫、腻虫、蚁虫、油汗等，是蔬菜生产中发生最普遍、为害最重的一种害虫，也是最难防治的害虫之一。

1. 形态特征 成虫体长 1.5～2.6 毫米，分有翅和无翅两种类型。体色因种类不同和季节变化，有黄色、黄绿色、灰绿色、墨绿色、红褐色等类型。头部较小，腹比较大，呈椭圆球状。

2. 发生规律 在露地南瓜上，一年有两个发生高峰期，即

5～6 月和 9～10 月，平均气温在 23～27℃，相对湿度在 75％～85％时，为害最重，繁殖最快。由于保护地面积逐年扩大，保护地内温度及湿度条件又适合蚜虫生存为害，所以形成保护地到露地，又从露地迁回保护地的周年为害方式。

3. 为害特点 成蚜和若蚜群集在植株嫩叶及生长点处，吸食植物汁液，受害部位出现褪绿小点，使叶片卷曲变黄，重者枯萎，造成植株全身失水营养不良，生长缓慢，甚至枯死。蚜虫还可分泌出一种蜜露，阻碍植株的正常生长，又可诱发煤污病，更为严重的是，蚜虫是多种蔬菜病毒的传毒媒介，导致蔬菜病毒病发生，造成更大的经济损失。

4. 综合防治技术

（1）清洁田园 在早春杂草萌发之际，喷洒除草剂灭除田间地边的杂草。南瓜收获后，应及时清除田间的残枝败叶及杂草，深埋或烧掉。

（2）培育无蚜虫壮苗 在育苗期就要采取各种措施，避免受到蚜虫为害。有条件时，可以采用带药定植的方式来防蚜。尽量避免和其它瓜类作物在一起种植，尤其是早春季节，西瓜和黄瓜都较早定植在棚内，植株上都或多或少的带着蚜虫和粉虱，极易传播到南瓜幼苗上产生病毒病危害。

（3）棚室内灭蚜 定植前，棚室内每 666.7 平方米先用 10％杀瓜蚜烟剂 300～350 克，或 22％敌敌畏烟剂 500 克，在傍晚时分，密闭棚膜，进行熏蒸，杀死棚室内的残留蚜虫。也可在花盆内盛上锯末、稻草等物，再洒上敌敌畏，用几个烧红的煤球点燃，进行熏蒸，每 666.7 平方米棚室需用 80％敌敌畏乳油 0.25～0.4 千克，第二天早上通风，然后再定植。

（4）驱避蚜虫法

①地膜覆盖。按铺地膜要求，整好菜地，用银灰膜代替地膜进行覆盖，然后定植。

②小拱棚法。可用银灰膜代替普通膜覆盖小拱棚，或在小拱

棚上拉银灰膜条。

③遮阳网法。可用银灰色遮阳网覆盖。

④利用银灰色薄膜驱避蚜虫。

（5）**诱杀法**　可用长 1 米、宽 0.2 米的纤维板或硬纸板，先涂一层黄色广告色或黄色油漆，待干后，再涂一层有黏性的黄色机油，把此板插到田间，高出作物 30～60 厘米，每 666.7 平方米插 32～34 块，每隔 7～10 天重涂一层机油。

（6）**喷药防治**

①高效杀虫剂。优先选用 22.45％阿立卡 3 000 倍，或绿浪（1.1％烟棟百部碱）750 倍喷雾；也可用 10％吡虫啉 1 000～1 500 倍液，或 5％蚜虱净乳油 3 000 倍液，或 48％乐斯本乳油 1 000～1 200 倍液均匀喷雾。

②拟除虫菊酯类杀虫剂。可用 2.5％功夫乳油 3 000～5 000 倍液，或 10％天王星乳油 3 000～4 000 倍液，或 20％氰戊菊酯乳油 2 000 倍液，或 25％溴氰菊酯乳油 2 000～3 000 倍液。

③复配杀虫剂。可用 20％菊马乳油 2 000 倍液，或 25％乐氰乳油 1 500 倍液，或 60％敌马乳油 1 000 倍液，或 21％灭杀毙乳油 3 000 倍液，或 40％菊杀乳油 2 000 倍液。

上述药剂，可在蚜虫初发生时，喷雾防治。每 666.7 平方米每次喷药液 50～75 千克，酌情防治 2～3 次。

（二）美洲斑潜蝇

美洲斑潜蝇属双翅目，潜蝇科。斑潜蝇有很多种，可为害瓜类的主要是几种多食性斑潜蝇，目前在我国为害较重的除美洲斑潜蝇外还有南美斑潜蝇、番茄斑潜蝇等，其中以美洲斑潜蝇传播快，发生普遍，为害严重，是检疫对象。

1. 形态特征

（1）**成虫**　体长 2～2.5 毫米，中胸背板亮黑色，头部，包括触角和颜面为鲜黄色，复眼后缘黑色，外顶鬃着生处黑褐色，触角第三节小圆，有明显的小毛丛。中胸侧片以黄色为主，有大小不定的黑色区域，腹侧片大部分为一大黑三角区域覆盖，但此区总有一黄色宽边，中胸背板每侧有背中鬃4根，中鬃排列不规则。足基节和腿节鲜黄色，胫节和跗节较黑，前足黄褐色，后足黑褐色，腹部大部分黑色，各背板的边缘有宽窄不等的黄色边。翅腋瓣黄色，但边缘及缘毛黑色。翅长1.3～1.7毫米。雄性外生殖器其阳体色深。精泵褐色，叶片两侧边稍不对称。

（2）卵　长0.2～0.3毫米，宽0.1～0.15毫米，椭圆形。

（3）幼虫　1龄几乎透明，2龄黄色至橙黄色，3龄老熟约3毫米，是2龄的4～5倍。

（4）蛹　围蛹，浅橘黄色。后气门着生于锥形突上，每侧有3个指突，中间指突较短。

2. 发生规律　此虫对温度变化较敏感，喜暖怕冷，温度20～30℃适合其生长发育，30℃以上死亡增加。春末夏初，气温上升，生长速度加快，为害加重，夏季完成一世代需15天左右。以夏秋季为害最重，冬春季较轻，遇温度35℃以上持续约1周，生长发育受抑制。田间幼虫有自然死亡现象，也有寄生蜂寄生。5～10月份发生盛期，在此期间出现两个高峰期，第一次5月上旬至8月上旬，第二次在9月中旬至10月下旬，第二次为最高峰。

夏秋季卵历期为2天，幼虫期6天，幼虫老熟后咬破隧道上表皮爬出道外化蛹，一般落地化蛹，也有在叶片表面化蛹的。蛹期约8天。成虫在上午9～11时，下午14～16时活动较强，卵孵化和成虫羽化大都在此阶段。成虫羽化后，当天开始交尾，翌日即可产卵，卵多产在叶片背面，每雌虫产400～500粒，产卵时刺伤叶片，将卵产于上下表皮叶肉中，成虫多在刺伤处吸取植株叶片的汁液为害，在叶片上造成近圆形刻点状凹陷，成虫寿命10～15天。

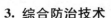

3.综合防治技术

（1）农业防治

①与抗虫作物套种。美洲斑潜蝇对苦瓜、苋菜和烟草为害较轻，田间可与这些作物套种，能够减轻危害。

②清洁田园。早春及时清除田间和地边杂草及栽培寄主老叶，田间发现被害叶片及早摘除集中烧毁。收获后及时清除残株老叶，集中高温堆肥或烧毁，可降低虫口密度。

③选用抗病品种。选用抗病品种，并对种子进行浸种和种衣剂＋新高脂膜拌种处理，能有效灭杀有害病菌，隔离病毒感染，加强呼吸强度，提高种子发芽率。

④健身栽培。分别在花蕾期、幼果期、果实膨大期喷施壮瓜蒂灵，使瓜蒂增粗，强化营养定向输送量，瓜体健康生长。

（2）生物防治　美洲斑潜蝇寄生蜂种类较多，主要有姬小蜂科的釉姬小蜂、新釉姬小蜂、无釉姬小蜂、羽角姬小蜂等，一般情况寄生率可达20％左右；不施药时，寄生率更高，有的田块可达60％以上。从国外引进的寄生蜂已经能够在室内扩繁，在保护地内进行防治。因此，保护和利用斑潜蝇寄生蜂是控制美洲斑潜蝇暴发为害的重要途径之一。

（3）物理防治　利用成虫趋黄色的习性，用黄色黏蝇纸、黄盘、黄板诱杀。

（4）化学防治　首先要做好田间监测，定期进行田间调查，发现每3片叶子有1头幼虫或蛹，或180片叶中有25头幼虫或蛹，就是施药时期。掌握准确的防治适期，及时用药，是经济有效的方法。

常用药剂：1.8％阿维菌素乳油，1.8％爱福丁乳油，1.8％虫螨虫乳油3 000倍液，1％灭虫灵乳油2 000倍液，40％绿菜宝乳油2 000～3 000倍液，10％烟碱乳油，2.5％功夫、20％杀灭菊酯1 000倍液，18％杀虫双600倍液。幼虫有早晚爬到叶面上活动的习性，改在傍晚和早上用药效果更好。

（三）叶螨

叶螨又名红蜘蛛，5月上、中旬迁入南瓜田，先点片发生而后扩散全田。高温低湿的6～7月危害重，尤其干旱年份易于大发生。但温度30℃以上和相对湿度超过70％时不利其繁殖，暴雨对其有抑制作用。

防治方法：防治红叶螨可用扫螨净或克螨特进行喷雾。

（四）地下害虫

地下害虫主要是小地老虎。鳞翅目夜蛾科，别名土蚕、地蚕、黑土蚕等。幼虫将南瓜幼苗近地面的茎部咬断，使整株死亡，造成缺苗断垄，严重时甚至毁种。小地老虎以老熟幼虫、蛹及成虫越冬，卵产在5厘米以下杂草上，尤其在贴近地面的叶背或嫩茎上。卵散产或成堆产。幼虫共6龄，3龄前在地面杂草或寄主幼嫩部位取食，3龄后分散危害，白昼潜伏在表土中，夜间出来危害。该虫动作敏捷，性残暴，能自相残杀。1代幼虫危害期在4月上旬至下旬。定苗前每平方米有幼虫0.5～1头，定苗后每平方米有幼虫0.1～0.3头即应防治。

防治方法：早春清除田内外杂草，防止地老虎成虫产卵是关键的一环。如发现1～2龄幼虫，应喷药除草。定植前，小地老虎仅以田中杂草为食，可选择地老虎喜食的灰菜、刺儿菜等杂草堆放诱集幼虫或人工捕捉或拌入药剂毒杀。小地老虎1～3龄幼虫抗药性差且暴露在寄主植物或地面上，是药剂防治的适期，可喷洒40.7％毒死蜱乳油，每666.7平方米用量90～120克对水50～60千克，或90％敌百虫800倍液或50％辛硫磷800倍液。

附录1

无公害丝瓜生产技术规程

1 范围

本标准规定了无公害丝瓜生产的产地环境、产量指标、栽培技术规程、收获及后续管理措施。

本标准适用于保护地和露地无公害丝瓜生产。

2 规范性引用文件

下列文件中的条款通过本标准的引用而成为本标准的条款。凡是标注日期的引用文件，其随后所有的修改单（不包括勘误的内容）或修订版均不适用于本标准，然而，鼓励根据本标准达成协议的各方研究是否可使用这些文件的最新版本。凡是不注日期的引用文件，其最新版本适用于本标准。

GB 5084 农田灌溉水质标准

GB 16715.1—1996 瓜菜作物种子 瓜类

NY 5010 无公害食品蔬菜产地环境条件

DB 341424/T003 无公害蔬菜包装贮藏运输技术条件

3 生产基地环境条件

3.1 环境条件

3.1.1 景观条件

景观条件要求见表1。

表 1　产地景观条件　　　　单位：m

项　目	指　标
高速公路、国道≥	900
地方主干道≥	500
医院、生活污染源≥	2 000
工矿企业≥	1 000

3.1.2　前茬

3 年以内未种植棉花及瓜果蔬菜，栽培（非无公害）设施农作物不超过 3 年，前茬为非瓜类作物。

3.2　土壤条件

土壤耕层深厚，地势平坦，排灌方便；土壤结构适宜，理化性状良好，有机质含量 22g/kg 以上，碱解氮含量 50mg/kg 以上，速效磷含量 25mg/kg 以上，速效钾含量 80mg/kg 以上，土壤 pH6～7.5，土壤全盐含量不得高于 3g/kg。

3.3　灌水条件

应符合 GB 5084 的要求。

3.4　环境质量

应符合 NY 5010 的要求。

3.5　危险物的管理

有毒有害的农药、除草剂、调节剂、激素等危险物应有严格管理规定，不得在田间存放。

4　产量指标

本标准的产量指标为 2 000kg/667m^2～3 000kg/667m^2。

5　无公害栽培措施

本条款没有说明的栽培措施，仍按常规农艺措施实施。

5.1　种子

5.1.1 品种选择

选用优质、高产、抗病虫、抗逆性强、适应性广、商品性好的丝瓜品种。

5.1.2 种子质量

符合 GB 16715.1—1996 二级以上要求。

5.1.3 种子特殊处理

拒绝使用转基因丝瓜品种。

5.2 种子处理

用 50℃~51℃温水浸种 20min，或用冰醋酸 100 倍液浸种 30min，清水冲洗干净后催芽。

5.2.1 晒种

播前晒种 2h~4h。

5.2.2 用 10％磷酸三钠浸种 10min 或用种子重量 0.3％的 50％福美双可湿性粉剂拌种。

5.3 培育无病虫壮苗

5.3.1 育苗土配制

用 3 年内未种过瓜类作物的园土与优质腐熟有机肥混用，优质腐熟有机肥占 30％左右。

5.3.2 育苗床土消毒

用 50％多菌灵可湿性粉剂与 50％福美双可湿性粉剂按 1：1 混合，或 25％甲霜灵可湿性粉剂与 70％代森锰锌可湿性粉剂按 9：1 混合，按每平方米床土用药 8g~10g 与 15kg~30kg 细土混合，播种时取 1/3 药土撒在畦面上，播种后再把其余 2/3 药土盖在种子上。

5.3.3 采用营养钵、纸袋等护根育苗。

5.4 定植

5.4.1 整地施肥

每 667m^2 施用优质腐熟有机肥 4 000kg、硫酸钾 20kg、过磷酸钙 50kg、尿素 10kg，深耕 20cm，整平、起垄、盖膜。

5.4.2　设防虫网阻虫

棚室通风口用纱网阻挡蚜虫、斑潜蝇等害虫迁入。

5.4.3　棚室消毒

每 667m² 棚室用硫黄粉 2kg～3kg，加敌敌畏 0.25kg，拌上锯末，分堆点燃，闭棚 24h，经放风无味时再定植。

5.4.4　银灰膜驱避蚜虫

每 667m² 铺银灰色地膜 5kg 或将银灰色地膜剪成 10cm×15cm 宽的条，间距 15cm 左右，纵横拉成网眼状。

5.5　定植后管理

5.5.1　肥水

前期土壤不宜过湿，定植后要进行一次浅中耕培土，中期要进行沟灌或膜下暗灌，结果盛期保持较高的土壤湿度。在苗高 30cm 时每 667m² 可施腐熟稀粪水 400kg；苗高 1m 以上后，可结合浇水施 1∶1 腐熟粪水 800kg，结果盛期可追施腐熟稀粪水 1 200kg。

5.5.2　田间管理

茎蔓长 50cm 左右时要搭架，瓜前不留侧枝，结果后留 2 条～3 条早生雌花的健壮侧蔓，摘去弱侧蔓及枯、黄、病、老叶和雄花蕾、畸形花果。

5.5.3　及时摘除病虫叶和病虫果，拔除重病株，带出田外深埋或烧毁。

5.5.4　设置黄板诱杀美洲斑潜蝇、蚜虫

棚室内设置用废旧纤维板或纸板剪成的 20cm×100cm 的板条，涂上黄色油漆，同时涂上一层机油，挂在行间或株间，高出植株顶部。每 667m² 用 30 块～40 块，当黄板粘满美洲斑潜蝇、蚜虫时，再重涂一层机油，一般 7 天～10 天重涂 1 次。

5.6　药剂防治

保护地优先采用粉尘法、烟熏法，在干燥晴朗的天气也可以喷雾防治。注意轮换用药，合理混用。

5.6.1　霜霉病

5.6.1.1　棚室栽培

发病初期，每 667m² 用 45％百菌清烟剂 200g～250g，分 4 处～5 处，傍晚用暗火点燃闭棚过夜，隔 7 天 1 次，连熏 3 次。

5.6.1.2　发病初期，于傍晚用 5％百菌清粉尘剂，或 10％防霉灵粉尘剂喷撒，每次每 667m² 1kg，隔 9 天～11 天 1 次，连喷 2 次～3 次。

5.6.1.3　发现中心病株后，用 58％雷多米尔·锰锌可湿性粉剂 500 倍液，或 64％杀毒矾可湿性粉剂 400 倍液、72.2％普力克水剂 800 倍液、72％克露可湿性粉剂 800 倍液、75％百菌清可湿性粉剂 600 倍液喷雾，隔 7 天～10 天 1 次，视病情确定是否再用药。

5.6.2　疫病

按 5.6.1.3 的要求执行。

5.6.3　炭疽病

5.6.3.1　烟熏法

按 5.6.1.1 的要求执行。

5.6.3.2　粉尘法

按 5.6.1.2 的要求执行。

5.6.3.3　发病初期喷洒 70％代森锰锌可湿性粉剂 600 倍液～800 倍液，或 58％甲霜灵锰锌可湿性粉剂 500 倍液～600 倍液、80％炭疽福美可湿性粉剂 600 倍液～800 倍液，或每 667m² 用 10％世高水分散性颗粒 50g～80g，对水喷雾，7 天～10 天 1 次，连喷 2 次～3 次。

5.6.4　褐斑病

发病初期开始喷洒 36％甲基硫菌灵悬浮剂 400 倍液～500 倍液、64％杀毒矾可湿性粉剂 500 倍液。

5.6.5　蔓枯病

5.6.5.1　烟熏法

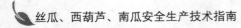

按 5.6.1.1 的要求执行。

5.6.5.2　粉尘法

按 5.6.1.2 的要求执行。

5.6.5.3　发病初期喷洒 75％百菌清可湿性粉剂 600 倍液，或 70％代森锰锌可湿性粉剂 500 倍液，36％甲基硫菌灵悬浮剂 400 倍液～500 倍液，或每 667m² 用 10％世高水分散性颗粒 50g～80g，对水喷雾，7 天～10 天 1 次，连喷 2 次～3 次。

5.6.6　病毒病

5.6.6.1　防治蚜虫

按 5.6.7 的要求执行。

5.6.6.2　发病初期用 30％菌克毒克乳剂 1 000 倍液，或 20％病毒 A 可湿性粉剂 500 倍液，或 5％菌毒清可湿性粉剂 400 倍液，隔 7 天～10 天 1 次，连喷 2 次～3 次。

5.6.7　蚜虫

5.6.7.1　用 22％敌敌畏烟剂每 667m² 用药 500g 傍晚闭棚前点燃，熏蒸 1 昼夜。

5.6.7.2　用 10％吡虫啉可湿性粉剂 1 500 倍液，或 2.5％功夫乳油 4 000 倍液喷雾防治。

5.6.8　美洲斑潜蝇

当每片叶有幼虫 5 头时，掌握在 2 龄前喷洒 1.8％阿维菌素乳油 3 000 倍液，或 25％阿克泰水分散粒剂 5 000 倍液，也可以在成虫羽化高峰时喷洒 5％抑太保乳油 2 000 倍液，或卡死克乳油 2 000 倍液。

5.6.9　瓜绢螟

用 5％锐劲特悬乳剂 2 000 倍液或 40％乐果乳剂 1 000 倍液喷雾防治。

6　收获及后续管理

6.1　采收

采收过程中所用工具要清洁、卫生、无污染。

6.2 分装、运输、贮存

应符合 DB 341424/T 003 的要求。

附录 2

无公害丝瓜露地栽培技术规程

一、产地选择

1. 产地环境

符合 NY 5010—2001 的规定，2 千米内无工矿企业、医院、垃圾场、污染河道等污染源，远离公路主干线 1 000 米以上。

2. 土壤要求

丝瓜根系发达，对土壤条件要求不严，但在土层深厚、肥力好的土壤上，生长茂盛、产量高。

3. 水分条件

丝瓜一生需要充足的水分条件，有很强的抗涝能力。在栽培过程中，除苗期外，应始终保持地皮见湿不见干，从而充分发挥丝瓜的增产作用。

二、栽培技术

1. 品种选择。 选用抗病、高产、口感好、商品价值高的当地品种或适应性强的丝瓜新品种。

2. 栽培季节。 丝瓜在长江流域和长江以北各地，多在 3～4 月春季播种育苗，5 月份定植到大田，6～8 月份采收。在华南地区以春季播种为主，也有夏、秋播种的，一般 1 年采收 1 茬次。

3. 播种育苗。 丝瓜可以直播或育苗移栽，无论哪种形式，最好先浸种催芽，然后再播种。播种量因种植方法与栽植密度而异。一般露地直播的，每穴 2～3 粒种子，每亩需种子 250 克左右；采用育苗移栽的，每穴栽苗 1 株，每亩需种子 100～150 克。丝瓜的播种方法及苗期管理同黄瓜基本相似，只是丝瓜不喜高温，不耐低温，所以育苗可稍晚一些，或在早春气温低时，采取防寒保温措施。丝瓜采用育苗栽培的，大约经过 40～50 天苗龄，幼苗长到 3～4 片真叶时就可定植。直播的要间苗、定苗。

4. 整地定植。丝瓜栽培宜选保水力强且肥沃的土壤栽植。栽前深耕晒土，亩施农家肥 5 000 千克左右；使土壤疏松，利于根系发育。栽培畦的宽度各地不同，南方采用宽畦，畦宽 1.8～2.0 米，每畦栽 2 行，株距 0.3～0.5 米。亩保苗 2 000 株。窄畦宽 1.3 米，穴距 1～1.3 米，每穴栽苗 2 株。定植时选择优质苗且需带土坨栽植，以保护根系不受损伤，利于缓苗，定植后要及时浇定植水，以后可视土壤墒情和天气情况再浇缓苗水。

5. 田间管理

（1）肥水管理。丝瓜茎蔓生长量大，结果多，需水、需肥量也多。如果肥水供应不及时或不足就引起落叶落果；相反施肥量过浓过多，又会造成营养生长过旺，影响生殖生长。一般在定植后浇定植水时，追 1 次肥，以稀薄的人粪尿为宜，以后随着秧苗的生长可每隔 7～10 天追肥 1 次，当开始结瓜后，必须加大施肥量，以满足正常生长和开花结果对养分的需要，通常每采收 1～2 次，追肥 1 次。一般每亩每次施用硫酸铵 15 千克或尿素 7.5 千克，或硝酸铵 10 千克或复合肥 7.5～10 千克。追肥应结合浇水进行，丝瓜本身性喜潮湿，丝瓜叶片大，蒸腾量大，开花结果多，总需水量也较大，特别是在干旱时期，必须及时灌水才能保证多开花、多结瓜、结大瓜。一般在无雨情况下，在丝瓜结果期间每隔 5～7 天浇水 1 次。水要浇得均匀一致，切忌大水漫灌。雨天要及时排水，以防积水影响植株生长。

（2）植株整理。丝瓜是蔓生植物，需搭架栽培。一般当丝瓜蔓长 30～60 厘米时要搭架，架式可根据栽培所采用的品种、植株生长强弱以及分枝情况来定。丝瓜蔓长，生长旺盛，分枝力强的品种以搭棚架为好；生长势弱，蔓较短的早熟类型品种以搭人字架或篱笆架为好。在丝瓜蔓上架之前，要注意随时摘除侧芽，将蔓引到架上，要及时绑扎，松紧要适度，使茎蔓分布均匀，提高光能利用率。当茎、蔓爬到架上部后，便不需要再绑蔓，但架子插的要牢固，以免结瓜时由于重量增加和刮大风造成塌棚，影响产量。

丝瓜的主侧蔓均能开花、结果，并能连续结瓜陆续采收。但为了提高丝瓜的产量和质量，要及时进行整枝打杈，及时摘除过多或无效的侧蔓，使养分供给正常发育的花和果实。一般主蔓基部0.5米以下的侧蔓全部摘除，0.5米以上的侧蔓在结2～3个瓜后摘顶。丝瓜的雄花发生早而密，花梗长且粗，为了减少养分和水分的消耗，可适当留下一部分雄花供授粉用，而将多余的雄花花序及早摘除。进入盛果期后，要及时摘除一部分枝条、老叶、黄叶、过密过多的叶以及畸形幼果等，以利于养分集中，促进瓜条肥大生长。

（3）中耕，培土，灭草。当丝瓜浇过缓苗水之后，幼苗开始长新根新叶，此时还没开始搭架，应进行第1次较深的中耕，以疏松土壤，增加透气性，结合消灭杂草，然后开始蹲苗。以后视土壤板结和杂草生长情况进行第2次中耕。中耕时要注意，近苗根部宜浅不宜深，以不伤害幼苗根群为原则。在第2次中耕时应将畦土带到植株根部，使平畦变成垄，便于雨季排水，也有利于干旱时浇水，更有利于根群不露在土壤表面，以促进不定根的发生，扩大植株吸收营养的面积，增加根的吸收能力。以后随着植株长大，枝叶爬满架材，遮蔽了地面，使杂草生长受到抑制，这时可不必中耕，可采用人工拔草。

（4）病虫害防治。丝瓜的主要虫害有白粉虱、蚜虫、美洲斑潜蝇等。

防治原则：预防为主，综合防治，以农业、物理、生物防治为主，化学防治为辅。

农业防治：冬前清洁田园，深翻土壤，杀灭虫卵；测土平衡施肥，增施充分腐熟的有机肥，少施化肥，选用优良抗病品种，适时通风炼苗，提高抗逆性；人工采捉卵块及幼虫。

化学防治：对白粉虱和蚜虫的防治，可用扑虱灵乳油 1 000 倍液，一遍净或扑虱蚜每 10 克对水一桶喷雾防治；斑潜蝇可用 1.8％爱福丁 2 500 倍液或绿菜宝 1 000 倍液喷雾防治。

丝瓜病害有褐斑病、炭疽病、霜霉病等，可用代森锰锌或百菌清 600～800 倍液或多菌灵 500 倍液等杀菌剂喷雾防治。

三、采收

丝瓜作为菜用，主要食用嫩瓜，所以进入结瓜期后，要及时采摘。丝瓜在肥水条件充足、温度适宜的条件下，果实发育很快，一般 25～30℃时，花后 7～8 天可采摘。采收过迟则纤维化，瓜质老化，严重影响食用。一般情况下，从开花到商品瓜成熟约需 10～12 天。当果梗光滑稍变色、茸毛减少、瓜身饱满、皮色呈现品种特性、果皮柔软时便可采收。初收期隔 1～2 天采收 1 次。盛收期则每天采收 1 次。收瓜时应轻摘轻放，忌受震动和挤压。采收时，用剪刀从果柄上部剪下，注意不要剪伤枝蔓，以免影响产量。丝瓜不耐贮运，常温下一般只能保持 1～3 天，因此采收后应立即上市，以免影响商品瓜的品质。若上市不及时，可浸泡在凉水中 1～2 天仍能保持外形色泽和品质不变。

附录3

承德市无公害西葫芦生产技术规程

1　范围

本标准规定了无公害西葫芦的产地环境技术条件、肥料农药使用原则和要求、生产管理等系列措施。本标准适用于河北省承德市露地和保护地无公害西葫芦生产。

2　引用标准

下列文件中的条款通过本标准的引用而成为本标准的条款。凡是注日期的引用文件，其随后所有的修改单（不包括勘误的内容）或修订版均不适用于本部分，然而，鼓励根据本部分达成协议的各方研究是否可使用这些文件的最新版本。凡是不注日期的引用文件，其最新版本适用于本部分。GB 8079—1987 蔬菜种子 DB 13/310—1997 无公害农产品产地环境技术条件 DB 13/311—1997 无公害农产品标准 DB 13/T453—2001 无公害蔬菜生产农药使用准则 DB 13/T454—2001 无公害蔬菜生产　肥料施用准则

3　产地环境技术条件

无公害西葫芦生产的产地环境质量应符合 DB13/310 的规定。

4　肥料、农药使用的原则和要求

无公害西葫芦生产中肥料施用的原则和要求、允许使用和禁止使用肥料的种类等按 DB 13/T454 执行；控制病虫危害安全使

用农药的原则和要求、允许使用和禁止使用农药的种类等按 DB 13/T453 执行。西葫芦常见病虫害有 6 种，其有利发生条件见附录 A（提示的附录）。

5 生产管理措施

5.1 育苗

5.1.1 育苗方式 根据栽培季节和方式可在露地、阳畦、塑料拱棚、温室育苗，和加设酿热温床、电热温床及穴盘育苗。有条件的可用工厂化育苗。

5.1.2 品种选择 选择抗病、耐低温、高产、优质的品种，如早青 1 代、一窝猴等。

5.1.3 种子质量 符合 GB 8079 要求。

5.1.4 用种量 每 667m² 用种 400g～500g。

5.1.5 种子处理 有三种方法，可根据病害任选其一。

a）将种子用 70℃恒温处理 72h（可防病毒病、细菌性角斑病）。

b）放在 55℃温水中，并不断搅拌至 30℃。再浸泡 4h，种子搓洗干净，催芽（可防病毒病、炭疽病、细菌性角斑病）。

c）用 10％磷酸三钠溶液或 0.1％～0.5％高锰酸钾溶液浸种 20min～30min，洗净后浸种催芽（防病毒病）。

5.1.6 催芽 将处理后的种子用湿布包好放在 25℃～30℃的条件下催芽，每天用温水冲洗 1 遍～2 遍，种子芽长 0.2cm～0.5cm 时播种。

5.1.7 育苗床准备

5.1.7.1 床土配制 用近 3～5 年没有种过葫芦科蔬菜的园土 60％，圈肥 30％，腐熟畜禽粪或粪干 5％，炉灰或沙子 5％，混合均匀后过筛。

5.1.7.2 床土消毒

a）用 50％琥胶肥酸铜（DT 杀菌剂）可湿性粉剂 500 倍液

分层喷洒于配制床土上,拌匀后铺入苗床。

　　b) 用 50% 多菌灵可湿性粉剂与 50% 福美双可湿性粉剂按 1:1 混合,或用 25% 甲霜灵与 70% 代森锰锌按 9:1 混合,按每平方米用药 8g~10g 与 15kg~30kg 细土混合,播种时 1/3 铺于床面,其余 2/3 盖在种子上面。

5.1.8　播种

5.1.8.1　一般播种　在育苗地挖 15cm 深的苗床,内铺配制好的消毒床土厚 10cm。选晴天播种,苗床浇水渗透后,上撒床土(或药土),按行株距 10cm×10cm 点种,每粒种子覆床土堆高 2cm~3cm。

5.1.8.2　容器播种　将 15cm 深的苗床先浇透水,用直径 10cm、高 12cm 的纸筒(塑料薄膜筒或育苗钵),从苗床一头边立边装入已配制好的消毒床土 9cm~10cm,浇透水,每纸筒内点播一粒种子,上覆床土 2cm~3cm。

5.1.9　苗期管理

5.1.9.1　温度管理　苗期温度管理时期　白天适宜温度(℃)夜间适宜温度(℃)　播种后至出苗,25~30,16~18;齐苗至第三叶展开,18~24,10~12;定植前 4d~5d,16~18,7~8。

5.1.9.2　其他管理　苗出土后,一般不浇水,可覆土 2~3 次,每次厚 0.5cm~1cm。严重缺水时,表现叶色深绿,苗生长缓慢,可选晴天上午适当喷水,并及时划锄放风降温,严防苗徒长。当苗有 2 片~3 片叶时,可叶面喷施 NS-83 增抗剂 100 倍液,防病毒病发生,同时喷施 0.2%~0.3% 的尿素和磷酸二氢钾混合液 2 次~3 次。

5.1.9.3　壮苗标准　苗高 12cm 左右,四叶一心,叶色浓绿,茎粗 0.4cm 以上,苗龄 25d~30d。

5.2　定植前准备

5.2.1　前茬　为非葫芦科蔬菜。

5.2.2　整地施肥　基肥品种以优质有机肥、常用化肥、复混肥等为主；在中等肥力条件下，结合整地每 667m² 铺施优质有机肥（以优质腐熟猪厩肥为例）4 000kg，氮肥（N）5kg（折尿素 10.9kg），磷肥（P₂O₅）6kg（折过磷酸钙 50kg），钾肥（K₂O）4kg（折硫酸钾 8kg）或草木灰 200kg。深翻 20～30cm，耙细搂平作垄，垄高 15cm。

5.2.3　棚室防虫消毒

5.2.3.1　设防虫网阻虫　在棚室通风口用 20 目～30 目尼龙网纱密封，阻止蚜虫迁入。

5.2.3.2　铺设银灰膜驱避蚜虫　每 667m² 铺银灰色地膜，或将银灰膜剪成 10cm～15cm 宽的膜条，挂在棚室放风口处。间距约 10cm。

5.2.3.3　棚室消毒　及时清除前茬作物的残枝烂叶，病虫残体，在播种或定植前，对土壤深翻后扣棚，利用太阳能对土壤高温消毒 7 天。每 667m² 棚室用硫黄粉 3kg～4kg，加敌敌畏 0.25kg 拌上锯末，分堆点燃，然后密闭棚室一昼夜，经放风，无味时再定植。所用的农具全放进温室消毒。

5.3　定植时间、方法和密度　露地栽培应在晚霜后 4 月下至 5 月上旬，棚室栽培夜间最低温度应在 6℃以上。按等行距 80cm，或大小行距 100cm×80cm，于苗行间做高垄，垄高 10cm～15cm，垄上覆地膜。选晴天于垄上按株距 50cm 挖穴座水栽苗，1 600 株/667m²～2 000 株/667m²。

5.4　定植后管理

5.4.1　水肥管理

5.4.1.1　浇水　定植后浇一次缓苗水，水量不宜过大。当根瓜长到 10cm 大时开始浇催瓜水，根瓜采收后，晴天可 5d～7d 浇一水，阴天要控制浇水。

5.4.1.2　追肥　结合浇水采用开沟或穴施方法于座瓜初期追施氮肥（N）6kg（折尿素 13kg），结瓜盛期追氮肥（N）5kg（折尿素 10.9kg）。

5.4.1.3 叶面喷肥 结瓜期视长势情况，用 0.2％的磷酸二氢钾溶液喷施 1～2 次。

5.4.2 中耕松土 浇过缓苗水后要中耕松土 2 次。

5.4.3 温湿度管理 棚室栽培定植后，要密闭棚室防寒保温促缓苗，缓苗后，白天温度 20℃～24℃，夜间 8℃～12℃。当外界最低气温稳定在 10℃以上时，白天加大放风量外，以降低棚内湿度。双覆盖栽培的经锻炼 5d～7d 后，可撤掉小拱棚。

5.4.4 蘸花 棚室栽培不利于昆虫授粉，为防止化瓜，可在上午 8h～10h 雌花开放时进行人工辅助授粉，或用浓度为 20mg/kg～30mg/kg 的 2,4-D 涂抹雌花柱头和瓜柄，并在蘸花液中加入 0.1％的 50％农利灵可湿性粉剂防灰霉病。

5.4.5 植株调整 及时打杈，摘掉畸形瓜、卷须及老叶；根瓜早摘以免赘秧；日光温室一茬到底的可拉绳吊蔓和及时落蔓。

5.5 病虫害防治 各农药品种的使用要严格遵守安全间隔期。

5.5.1 物理防治

5.5.1.1 铺设银灰膜驱避蚜虫 每 667m² 铺银灰色地膜 5kg，或将银灰膜剪成 10cm～15cm 宽的膜条，膜条间距 10cm，纵横拉成网眼状。

5.5.1.2 黄板诱杀蚜虫 用废旧纤维板或纸板剪成 100cm×20cm 的长条，涂上黄色油漆，同时涂上一层机油，挂在行间或株间，高出植株顶部，每公顷挂 450 块～600 块（30 块～40 块/667m²），当黄板粘满蚜虫时，再重涂一层机油，一般 7d～10d 重涂一次。

5.5.2 药剂防治病害

5.5.2.1 白粉病

a）发病初期用 45％百菌清烟剂，每 667m² 用 200g～250g 分放在棚内 4～5 处，点燃闭棚熏 1 夜，次晨通风，7d 熏一次，视病情熏 3～4 次。

b）发病初期用 20％粉锈宁乳油 2 000 倍液，或 40％多-硫悬浮剂 600 倍液，或 50％硫黄悬浮剂 250 倍液，或"农抗 120"
200 倍液喷雾。

c）采用 27％高脂膜乳剂 70～140 倍液，于发病初期喷洒在
叶片上，7d～14d 喷一次，连喷 3～4 次。

5.5.2.2　灰霉病

a）烟熏法　按 5.5.2.1 中的 a）。

b）每公顷用 6.5％万霉灵粉尘 15kg（1kg/667m²）喷粉，
7d 喷 1 次，连喷 2 次。

c）发病初期喷洒 40％施佳乐悬浮剂 1 200 倍液，或 65％甲
霉灵可湿性粉剂 1 000～1 500 倍，或 70％甲基硫菌灵可湿性粉
剂 800 倍液喷雾防治，或 64％杀毒矾可湿性粉剂 600 倍液，或
58％雷多米尔·锰锌可湿性粉剂 800 倍液。7d 喷一次，连续喷
2～3 次。注意药剂轮换使用。

5.5.2.3　霜霉病

a）烟熏法见 5.5.2.1 中的 a）。

b）用 5％百菌清粉尘每 667m² 1kg 傍晚喷粉，7d 喷一次，
连喷 2～3 次。

c）发现中心病株后用 70％乙膦·锰锌可湿性粉剂 500 倍
液，或 72.2％普力克水剂 800 倍液，或 40％乙磷铝可湿性粉剂
200 倍液，或 64％杀毒矾 400 倍液喷雾，7d～10d 喷 1 次，视病
情发展确定用药次数。还可用糖氮液，即红或白糖 1％＋0.5％
尿素＋1％食醋＋0.2％乙磷铝，7d 喷叶面一次。

5.5.2.4　病毒病

a）防蚜治病　见 5.5.1.2。

b）发病初期用 20％病毒 A 可湿性粉剂 500 倍液，或 1.5％
植病灵乳剂 1 000 倍液，或 0.5％抗毒剂 1 号水剂 250～300 倍液
喷雾，隔 10d 左右喷 1 次，连续防治 2～3 次。

5.5.3　药剂防治害虫

5.5.3.1　蚜虫　用 10％吡虫啉可湿性粉剂 5g～10g/667m²，或

80％敌敌畏乳油 1 500～2 000 倍液，或用 2.5％溴氰菊酯乳油 1 000～1 500 倍液喷雾，喷洒时应注意叶背面均匀喷洒。保护地还可选用杀蚜烟剂。每公顷 6kg～7.5kg（400g～500g/667m²），分放 4～5 堆，用暗火点燃，密闭 3h。

5.5.3.2 红蜘蛛 用 1.8％的阿维菌素乳油 3 000 倍液，或 20％灭扫利乳油 2 000 倍液，或 15％哒螨酮乳油 1 500 倍液喷雾。

5.5.3.3 温室白粉虱、烟粉虱 用 10％吡虫啉或 3％啶虫脒可湿性粉剂 1 000～1 500 倍液或 25％阿克泰水分颗粒剂 3 000～5 000 倍液喷雾。

5.6 清洁田园 及时摘除病花、病果、病叶深埋，控制病害发生和蔓延。西葫芦常见病虫害及有利发生条件，病虫害名称，病原或害虫类别，传播途径，有利发生条件。白粉病，真菌：瓜类单丝壳菌，气流、雨水，气温 20℃～25℃，雨后干燥，或少雨但田间湿度大，高温干旱与高湿条件交替出现。灰霉病，真菌：灰葡萄孢菌，气流、风雨、灌溉水，低温，湿度高于 94％。寄主衰弱霜霉病，真菌：古巴假霜霉菌，病残体、季风，气温 15℃～24℃，相对湿度 83％以上。病毒病，病毒：黄瓜花叶病毒（CMV）、甜瓜花叶病毒（MMV），CMV：汁液摩擦和蚜虫传毒；MMV：种子带毒、汁液摩擦和蚜虫传毒。高温干旱、日照强、缺水、缺肥、管理粗放。蚜虫，同翅目，蚜科，有翅蚜短距离迁飞、风，气温 16℃～20℃。温室白粉虱，同翅目，粉虱科，短距离迁飞、风。红蜘蛛（朱砂叶螨、截形叶螨），蜱螨目，叶螨科，自身爬行、风，气温 29℃～30℃，相对湿度35％～55％。

附录 4

日光温室冬春茬西葫芦无公害生产技术

一、育苗

1. 种子播前处理

播前先将种子用温水搓洗干净，浸入 55℃ 温水中，保持水温 15min，待水温降至室温时，继续浸种 4～8h。然后沥干水，用湿纱布包好种子，置于 25～30℃ 条件下催芽，每天翻动投洗一次种子，1～2d 即可出芽。

2. 播种

将腐熟的有机肥和三年未种过瓜类的园土过筛后按 1：2 的比例配制成营养土，每立方米土再加入 1kg 磷酸二铵，混合均匀后装入营养钵，浇透水。将已发芽的种子种芽朝下摆于营养钵内，每钵一粒，覆 1cm 厚的细土，上面再盖一层薄膜保湿。

3. 苗期管理

播种后出苗前尽量提高温度，日温 25～30℃，夜温不低于 18℃，3～4d 即可出齐苗。幼苗出土后，揭去覆盖物，并适当降低温度. 日温保持 20～25℃，夜温 13～15℃，防止幼苗徒长。第一片真叶展开时，日温提高到 23～28℃，夜温 15～18℃，促进幼苗生长发育。定植前一周逐渐加大通风，进行低温炼苗，日温控制在 15～20℃，夜温 8～13℃，使幼苗能适应定植后的环境。苗期不需施肥，尽量控制浇水。当苗龄达 30～35d，幼苗三叶一心时即可定植。

4. 嫁接换根

为提高植株的抗逆性，增加产量，西葫芦保护地栽培也可采用嫁接育苗，以黑籽南瓜为嫁接砧木，嫁接方法可参照黄瓜嫁接育苗。

二、整地定植

选择三年内未种过瓜类的大棚，定植前高温闷棚灭菌，同时在棚内用百菌清烟雾剂熏蒸。结合整地，每 667m² 土地施入优质农家肥 5 000kg，过磷酸钙 50kg，耙细耧平，可按大行 80cm，小行 50cm 起垄，垄高 10～15cm。日光温室冬春茬西葫芦定植时已进入初冬，气温变化异常，因此定植要选择晴天的上午，在垄上开沟，按株距 45cm 摆苗，培少量土。株间点施磷酸二铵，每 667m² 用量为 25kg，肥土混拌后浇定植水。水要浇足，等水渗后合垄，并用小木板把垄台刮光刮平，再覆地膜。每 667m² 栽苗 2 000 株左右。

三、定植后的管理

1. 温度管理

定植后，缓苗期间由于定植水充足，为了提高温度，一般不通风。晴天中午气温超过 30℃时，可开小口实行少量通风。当心叶开始生长时，标志着缓苗期已结束，在其后的温度管理上，白天控制在 20％左右，最高不超过 25℃；夜间温度前半夜为 13～15℃，后半夜为 10～11℃，最低为 8℃，以促进根系发育，控制地上部徒长。进入结瓜期后，为促进果实生长，白天温度应提高到 25～28℃，夜温 15～18℃。冬季低温弱光期间，白天尽量保持在 23～25℃，夜间 10～12℃，以提高弱光下的净光合率。严冬过后，光照强度增加，可把室温恢复到正常管理状态，即白天室温保持在 25～28℃，夜温 15～18℃。外界最低温稳定在 12℃以上时，应昼夜通风，以加大昼夜温差，减少呼吸消耗，增加营养积累。

2. 光照管理

西葫芦对光照的要求比黄瓜严格。冬春茬西葫芦定植后，正处在光照最弱的季节，光合作用强度较低，影响物质积累，因此，光照调节显得非常重要。在定植时，应合理密植，密度过大，植株间相互遮阴；采取吊蔓栽培的方式，使植株向空间伸展，并调整植株叶柄的方向，使每个植株的每张叶片都能充分接受阳光；西葫芦定植后，在温室后墙张挂反光幕，以增加光照。每天揭开草苫后，用干净的拖布擦净薄膜。在能保证湿度的前提下，尽量早揭晚盖，以延长光照时间。阴天只要揭苫后室内气温不降到5℃，就应揭苫见光。

3. 肥水管理

西葫芦定植初期，需水量不多，在水分管理上，定植时要浇足定植水，缓苗期间一般不浇水。但如果定植期较早，外界环境条件较好时，可浇1次缓苗水，即在心叶开始生长时（一般在定植后的5～7d）浇水。浇过定植水或缓苗水后，直到根瓜坐住前不再浇水。此时主要是促根控秧，使根系向土壤深层扎，以抵抗不良环境条件。当根瓜长6～10cm，开始膨大时，浇1次水，并随水追施硫铵15kg。浇水时间要选择在晴天的上午。浇水量一般为垄高的1/2左右。此时，植株的营养体较小，外温较低，温室的通风量小，所以在始瓜期后浇水不宜过勤。每10～15d浇一次，且每次浇水都要进行膜下暗灌。以后进入盛果期后，叶片的蒸腾量加大，植株和瓜条生长速度较快，此时随着外温的升高，通风量加大，并要加强肥水管理，每5～7d浇1次水，浇水量为垄高的2/3，隔一水追1次肥，有机肥和化肥交替使用，每次每667m^{2}施入硫酸铵20～25kg，硫酸钾5～10kg或腐熟饼肥50kg。每次采收前2～3d浇水，采收后3～4d内不浇水，有利于控秧促瓜。

4. 植株调整

西葫芦节间极短，随着叶片数的增多，植株不能直立而匍匐于地面生长，这样，既浪费空间，又影响通风透光。因此，在植株长到8～9片叶时即开始吊蔓。其方法是：将尼龙绳上端固定在拱架上，下端拴小木棍插入土中，将西葫芦的植株缠绕在线绳上，使其直立生长，接受阳光。绑蔓时要注意不能将线绳缠绕在小瓜上，同时随着绑蔓，调整植株的叶柄，使之向横向展开。绑蔓应经常进行，对个别较高的植株绑蔓时可以使其变弯曲，以达到生长点在同一高度上。及时摘除侧枝、卷须和老叶，使养分集中到正在生长的瓜上。新蔓伸长后，疏除老蔓上的叶片，促新蔓生长。剪枝疏叶后应在伤口处喷洒农用链霉素，防止伤口感病。

5. 保花保果

西葫芦无单性结实能力，日光温室冬春茬栽培温度低，雄花少，花粉少，又缺乏昆虫传粉，如不采取人工授粉或激素处理，会造成大量化瓜，影响产量。人工授粉在上午 8～10 时进行为好，此时温湿度适宜，花粉成熟，授粉受精效果好。摘取开放的雄花，集中在一起，去掉花瓣，将雄蕊花粉轻轻地涂抹在开放的雌花柱头上。一朵雄花可授 3～4 朵雌花。有时雄花很少，靠人工授粉不能满足需要，可通过激素处理来提高坐果率。通常使用 20～30mg/kg 的 2,4-D 蘸花或涂抹花柱基部。为防止重复处理，应在生长调节剂中加些染料作为标记，如再加入 0.1% 的 50% 速克灵可湿性粉剂，保果的同时还能预防灰霉病。

四、采收

西葫芦以嫩瓜为产品，宜早采，雌花开放后 10～15d，果重达 250～300g 时即可采收。西葫芦在一条主蔓上连续结瓜，下部的瓜不采收，会影响上部幼瓜的生长，甚至化瓜，只有提高采收频率，多采收嫩瓜，才是获得优质高产的途径。采收最好在早晨进行，此时温度低，空气湿度大，果实中含水量高，容易保持鲜嫩。采收后逐个用软纸包好装箱，短期存放 1～2d 也不影响质量。

附录 5

无公害南瓜露地生产技术规程

1 范围

本标准规定了露地南瓜生产技术措施要求。

2 规范性引用文件

下列文件中的条款通过本标准的引用而成为本标准的条款。本标准实施时，所示版本均为有效，所有标准都会被修订，使用本标准的各方应探讨使用下列标准最新版本的可能性。

GB 4285 农药安全使用标准

GB/T 8321（所有部分） 农药合理使用标准

GB 16715.1—1999 瓜菜作物种子 瓜类

NY 5010—2001 蔬菜产地环境条件

DB 14/86—2001 无公害农产品

DB 14/87—2001 无公害农产品生产技术规范

3 术语解释

压蔓 为稳定瓜蔓，待南瓜伸蔓到一定长度后局部压一些土。

4 产地环境

4.1 产地环境条件

要符合 DB 14/87—2001 无公害农产品生产技术规范中产地环境技术条件的要求。

4.2 土壤条件

能排能灌的砂质壤土和壤土，pH 值 5.5～6.8，土壤肥力较高。

5 生产管理措施

5.1 露地土壤肥力等级的划分

根据露地土壤中的有机质、全氮、碱解氮、有效磷、有效钾等含量高低而划分的土壤肥力等级。具体等级指标见表 1。

表 1 菜田露地土壤肥力分级表

肥力等级	菜田露地土壤养分测试值				
	全氮 %	有机质 %	碱解氮 mg/kg	磷（P$_2$O$_5$） mg/kg	钾（K$_2$O） mg/kg
低肥力	0.07～0.10	1.0～2.0	60～80	40～70	70～100
中肥力	0.10～0.13	2.0～3.0	80～100	70～100	100～130
高肥力	0.13～0.16	3.0～4.0	100～120	130～160	130～160

5.2 品种选择 选择抗病，长势强，商品性好的适宜春季露地栽培的品种，如锦粟南瓜、蜜本南瓜等。

5.3 播前准备

5.3.1 整地施基肥 冬前深耕后的地块，播前浇足底墒水，待水渗入地表显干后，平整做畦，畦宽 1.5m 左右。结合整地中等肥力土壤每 667m^2 施入 2 000～3 000kg 腐熟厩肥、30～40kg 氮、磷、钾三元复合肥，与土壤混匀。

5.3.2 种子质量 种子纯度≥95%，净度≥98%，发芽率≥95%，水分≤8%。

5.3.3 温汤浸种 将精选的种子用 55℃温水边倒边搅拌，水量为种子量的 5～6 倍，待水温降至 30℃时停止搅拌，浸泡 6～8小时。

5.3.4 催芽 将浸好的种子捞出用清水淘洗 2～3 次，搓掉种皮黏液，用湿纱布包好置于 30℃ 条件下催芽，每天翻动 1～2 次，待种子有 50% 出芽，即可播种。

5.4 播种

5.4.1 播种时间 在 4 月中下旬，气温达到 15℃ 左右时播种。

5.4.2 播种量 每 667m² 用种 0.3～0.4kg，留苗 800 株。

5.4.3 播种方法 在畦内进行直播，每畦 1 行，按 40cm 株距，开穴播种，每穴 2 粒，播后覆土 3cm，轻踩使土壤与种子踏实（需地膜覆盖的轻踩后即可覆膜）。

5.5 田间管理

5.5.1 整枝

5.5.1.1 单蔓式整枝 一般主蔓结果早的早熟品种应用本式整枝，侧枝除去，只留主蔓进行结果。

5.5.1.2 多蔓式整枝 主蔓结果过晚，而侧蔓结果早的类型和品种，一般于主蔓 5～7 叶时摘心，而后选留 2～3 个侧蔓，使各蔓结果 1～2 个。

5.5.2 压蔓 生长过旺的植株从第 7～9 节起每 5 节左右压一次，共压 3～4 次。

5.5.3 追肥 生长前期至果实膨大前一般不追肥，果实膨大期应适当追 1 次肥，每 667m² 追施 25～30kg 或尿素 10～15kg 三元复合肥，严禁使用硝态氮肥。

5.5.4 浇水 生长前期至果实膨大前原则上不浇水，如果表现缺水可与抽蔓前浇小水。在果实膨大期结合追肥浇一次水。收获前一周停止浇水。

5.5.5 授粉 保证南瓜坐果率，应在早上 7～9 时人工采雄花或在田间放置蜂箱，辅助授粉。

5.6 病虫害防治

5.6.1 主要病虫害 虫害以白粉虱、蚜虫、潜叶蝇为主，病害以白粉病、病毒病为主。

5.6.2 防治原则 "预防为主，综合防治"的植保方针，以农业防治、物理防治和生物防治为主，化学防治为辅，尽量减少污染。

5.6.3 防治方法

5.6.3.1 农业防治 控制好水肥、培育壮苗、实行轮作或间作换行防止病害。

5.6.3.2 物理防治 黄板诱杀蚜虫、白粉虱，田间悬挂粘虫板（25 厘米×40 厘米），净植地每亩 30 块左右，间套地随面积大小设置黄板数量。

5.6.3.3 生物防治 采用生物源农药如齐墩菌素及植物源农药如拟青霉菌、武夷菌素、农抗 120 等防治病虫害。

5.6.3.4 主要病虫害药剂防治 使用药剂防治应严格按照 GB 4285 农药安全使用标准 GB/T 8321（所有部分）农药合理使用准则规定执行。

5.6.3.4.1 白粉虱、蚜虫 用 2.5％溴氰菊酯乳油 2 000～3 000 倍喷雾；1.8％藜芦碱水剂 800 倍喷雾。

5.6.3.4.2 潜叶蝇 1.8％齐墩螨素乳油 2 400～3 000 倍喷雾。

5.6.3.4.3 病毒病 83 增抗剂 100 倍液苗期喷 2 次，20％盐酸吗啉胍·铜 800 倍喷雾。

5.6.3.5 合理施药 严格控制农药用量和安全间隔期，主要病虫害防治的选药用药技术参见表 2。

表 2 主要病虫害防治一览表

主要防治对象	农药名称	使用方法	安全间隔期（天）
白粉虱	2.5％溴氰菊酯乳油 20％灭扫利乳油	2 000～3 000 倍喷雾 2 000 倍喷雾	≥2
蚜虫	0.3％苦参碱水剂 2.5％溴氰菊酯乳油 10％吡虫啉可湿性粉剂	600～800 倍液喷雾 2 000～3 000 倍液喷雾 1 000～2 000 倍液喷雾	≥2 ≥7

（续）

主要防治对象	农药名称	使用方法	安全间隔期（天）
潜叶蝇	40%的毒死蜱乳油 98%巴丹可溶性粉剂	1 000倍液喷雾 2 000倍液喷雾	≥7 ≥7
病毒病	83增抗剂 20%盐酸吗啉胍铜可湿性粉剂	100倍液喷雾 500倍喷雾	≥3

5.7 不允许使用的高毒高残留农药见国家相关规定。

5.8 果实发育后期管理

果实发育后期，宜采取翻瓜、垫瓜、遮阴等措施保护果实，着色均匀，防止癞瓜、日灼等生理性障害。

5.9 适时采收，及时分批采摘成瓜，促进后期果实膨大。

5.10 果实外部要求

5.10.1 成熟度 果实已充分发育，种子已形成。

5.10.2 果形 符合品种特点，允许有轻微不规则。

5.10.3 新鲜 果实有光泽，坚实不萎蔫。

5.10.4 果面清洁 果实表面不附有污染或其他外来物，无腐烂、异味、灼伤、病虫、机械伤。同一批次整齐度要达到90%以上。

5.11 清洁田园 将残枝败叶和杂草清理干净，集中进行无害化处理，保持田间清洁。

附录 6

大棚南瓜无公害技术生产技术规程

1 品种与用种量

应选用"栗自曼"、"铃成锦"、"笑栗"、"甘栗"、"锦栗"等早熟优质品种，667 平方米（即 1 亩）用种量 60～80 克。

2 育苗

选择地势高燥、平坦、排水良好、避风向阳的田地做苗床。采用大棚内套小拱棚、电热丝线加温、营养钵育苗，培育苗龄 35～45 天，具有 3～4 片真叶、苗高约 10 厘米、根系发达的壮苗。

2.1 浸种催芽

浸种前晒种 2～3 天，提高发芽率。置入 55～60℃温水中烫种，不断搅拌，并保持 15 分钟，以杀死种子表面的病原菌。待水温降至 30℃时继续浸种 4～6 小时，取出沥干，置入 28～30℃环境下催芽，每天用 30℃温水淋洗种子 2～3 次。待种子露白 3 毫米即可播种。

2.2 营养土配制与消毒

营养土采用三年内未种过瓜类蔬菜的园土（或水稻田表土）70%、土杂肥 20%、腐熟鸡鸭粪肥 10%，三元复合肥 1%配制，并按每立方米营养土拌入 50%多菌灵 100 克堆制消毒。装入规格为 10 厘米×10 厘米营养钵内备用。

2.3 苗床准备

按每平方米 80～100 瓦额定功率铺设地热加温线，铺设方法按照产品说明书进行。每 667 平方米大田须做苗床 3.5～4 平方米。

2.4 播种时间与方法

早春栽培播种期安排在 12 月中下旬。将已催芽的种子平放在营养钵中间，浇足 70％敌克松 WP500 倍液进行消毒，盖 1.0～1.5 厘米厚的干细药土，盖好地膜，扣好小拱棚。

2.5 苗床温度管理

种子播种至出苗前，苗床温度保持 28～30℃。幼苗出土时及时切断电源，并揭掉地膜逐渐降低床温，白天保持 25～26℃，夜间保持 18～20℃。一周以后继续降低床温、白天保持 23～25℃，夜间 16～18℃。随着幼苗叶片的不断生长，应及时疏稀营养钵，防止发生拥挤，30 天后应加大通风量进行练苗，提高幼苗抗寒能力，以适应新的定植环境。

2.6 苗床水分管理

从播种到出苗后一般不须浇水，尽量做到少浇水多增加光照，只有在营养钵表土干燥发白时补充水分。每次浇水后应适当通风降湿，减少病原菌滋生。

3 整地施基肥

大棚南瓜定植前一个月覆盖塑料薄膜。结合整地作畦施足基肥，每 667 平方米施腐熟有机肥 1 500 千克，45％三元复合肥 20 千克，硫酸钾 15 千克。整个大棚只在中间做一条定植畦，畦宽 80～100 厘米，畦中间开沟深施有机肥。化肥全层施。

4 定植时间和方法

根据壮秧标准，及时定植。定植前秧苗浇一次水。早春定植时间 1 月下旬至 2 月上旬，双行种植，行距 0.5 米，株距 0.5～0.6 米，密度每 667 平方米种植 330～350 株。定植后浇定根水，覆盖地膜。对准幼苗基部破口扶苗，破口要小，扶苗要轻，地膜要拉平并紧贴畦面，地膜的破口和四周要用泥土压实，并扣好小拱棚。

5 田间管理

5.1 温湿度管理

大棚管理以防寒、控湿和增光为主。定植前大棚内土温须控制在 10℃ 以上，定植后小拱棚、大棚密封保温、促进幼苗成活。大棚夜间温度不低于 10～12℃，如遇寒潮，小拱棚加盖草苫。幼苗活棵前保持棚内空气相对温度 70%～80%。幼苗活棵后，白天揭小拱棚膜，增加透光率，降低小环境空气温度，促进植株矮壮。大棚温度白天维持在 25～30℃。大于 30℃ 时，需进行通风换气，降温降湿。

5.2 搭架

在大棚内离棚两边 0.5 米处插入两根 4 米长的竹片，竹片另两头对接，中间须立柱固定，支架间距离 0.5～0.6 米。

5.3 植株调整

采用单蔓整枝方式，留主蔓，摘除全部侧蔓。主蔓前期匍匐生长，爬到支架边时引蔓上架，及时绑蔓，使植株沿竹片生长。

5.4 追肥

根据植株生长状况，酌情追肥，前期控制氮肥，防止徒长。各株南瓜第二次采收后施追肥一次，每 667 平方米施 45% 三元复合肥 15 千克，硫酸钾 5～7 千克。

5.5 授粉

前期采用生长调节剂涂抹幼瓜胎座使第一雌花坐瓜，控制植株徒长。正常雄花出现时每天 6～10 时进行人工辅助授粉。

6 病虫害防治技术

6.1 大棚南瓜主要病害有白粉病，主要虫害有蚜虫。

6.2 病虫害发生规律

春季病害较轻，后期高温、高湿白粉病发生严重，5 月下旬以后蚜虫危害严重。

6.3 白粉病的农药防治，可用 10％世高水分散性颗粒剂 1 000～1 500 倍液，或 40％福星 EC 6 000～8 000 倍液，或 25％ 三唑酮 WP 1 500 倍液等喷雾防治。

6.4 蚜虫的农药防治，可用 10％吡虫啉 WP 1 500 倍液等防治。

7 采收

嫩瓜的采收标准是雌花授粉后 20～25 天，瓜皮由淡绿色转为暗绿色即可采收。根瓜要早采，有利于后期瓜膨大和提高产量。

附录 7

烟台市无公害西葫芦生产技术规程

1 范围

本规程规定了无公害西葫芦生产的栽培技术措施，适用于烟台市无公害西葫芦露地、保护地生产。

2 规范性引用文件

下列文件中的条款通过本标准的引用而成为本标准的条款。凡是注日期的引用文件，其随后所有的修改单（不包括勘误的内容）或修订版均不适用于本标准，然而，鼓励根据本标准达成协议的各方研究是否可使用这些文件的最新版本。凡是不注日期的引用文件，其最新版本适用于本标准。

GB 4285 农药安全使用标准

GB/T 8321 （所有部分） 农药合理使用准则

NY/T 496 肥料合理使用准则 通则

NY 5010 无公害食品 蔬菜产地环境条件

NY 5294 无公害食品 设施蔬菜产地环境条件

3 产地环境

露地生产，产地环境要符合 NY 5010 的规定。应选择地势高燥，排灌方便，土层深厚、疏松、肥沃的地块。保护设施生产，产地环境要符合 NY 5294 的规定。保护设施包括连栋温室、日光温室、塑料棚、改良阳畦、温床等。

4 生产技术

4.1 栽培季节

使用不同的保护设施，在我国大部分地区均可进行周年生产，但以春季栽培最为适宜。

4.2 品种选择

选择抗病、优质、高产、抗逆性强、商品性好、适合市场需求的品种，如奇山2号、早青一代、汉城早等。种子质量应符合以下标准：种子纯度≥85%，净度≥97%，发芽率≥80%，水分≤9%。

4.3 育苗

4.3.1 播种量的确定 根据定植密度、种子千粒重，每 $667m^2$ 栽培面积育苗用种量 200g～400g，直播用种量 400g～800g。

4.3.2 播种期的确定 根据栽培季节、育苗方法和壮苗指标选择适宜的播种期。

4.3.3 育苗设施选择 根据季节不同，选用温室、塑料棚、阳畦、温床等育苗设施育苗；夏秋季育苗应配有防虫、遮阳、防雨设施。有条件的可采用营养钵育苗或工厂化穴盘育苗。

4.3.4 营养土配制

4.3.4.1 营养土要求 pH5.5～7.5，有机质 2.5%～3%，有效磷 20mg/kg～40mg/kg，速效钾 100mg/kg～140mg/kg，碱解氮 120mg/kg～150mg/kg，孔隙度约 60%，土壤疏松，保肥保水性能良好。配制好的营养土均匀铺于播种床上，厚度10cm～15cm。

4.3.4.2 工厂化穴盘育苗营养土配方 2份草炭加1份蛭石，以及适量的腐熟农家肥。

4.3.4.3 普通苗床或营养钵育苗营养土配方 选用无病虫源的田园土占 1/3、炉灰渣（或腐熟马粪，或草炭土，或草木灰）占 1/3，腐熟农家肥占 1/3；或无病虫源的田土 50%～70%，优质腐熟农家肥 50%～30%，三元复合肥（N：P：K＝15：15：15）0.1%。不宜使用未发酵好的农家肥。

4.3.5 育苗床土消毒 按照种植计划准备足够的播种床。每 $1m^2$ 播种床用福尔马林 30mL～50mL，加水 3L，或 72.2% 霜霉威水剂 400 倍液喷洒床土，用塑料薄膜闷盖 3d 后揭膜，待气体散尽后播种。或按每 $1m^2$ 苗床用 15mg～30mg 药土作床面消毒。药土配制方法：用 50% 多菌灵与 50% 福美双混合剂各 8g～10g（按 1＋1 混合），与 15kg～30kg 细土混合均匀后撒在床面。

4.3.6 种子处理

4.3.6.1 药剂浸种 用 50% 多菌灵可湿性粉剂 500 倍液浸种 1h，或福尔马林 300 倍液浸种 1.5h，再用 10% 磷酸三钠浸种 15min～20min，捞出洗净催芽。

4.3.6.2 温汤浸种 将种子用 55℃ 的温水浸种，边浸边搅拌至室温，然后用清水冲净黏液后晾干再催芽。

4.3.7 催芽 消毒后的种子浸泡 4h 左右后捞出洗净，置于 28℃ 催芽。包衣种子直播即可。

4.3.8 播种方法 播种前浇足底水，湿润至深 10cm。水渗下后用营养土平整床面。种子 70% 破嘴时均匀撒播，覆盖营养土 1.5cm～2.0cm。每 m^2 苗床再用 50% 多菌灵 8g，拌上细土均匀撒于床面上。冬春播种育苗床面上覆盖地膜，夏秋播种床面覆盖遮阳网或稻草，幼苗顶土时撤除床面覆盖物。

4.3.9 苗期管理

4.3.9.1 温度 夏秋育苗需遮阳降温；冬春育苗要增温保温。温度管理见表 1。

表 1 苗期温度调节表

时　期	白天适宜温度℃	夜间适宜温度℃	最低温度℃
播种至出土	25～30	18～20	15
出土至分苗	20～25	13～14	12

（续）

时　期	白天适宜温度℃	夜间适宜温度℃	最低温度℃
分苗后至缓苗	28～30	16～18	13
缓苗后至炼苗	18～25	10～12	10
定植前 5d～7d	15～25	6～8	6

4.3.9.2　光照　冬春育苗采用反光幕或补光设施等增加光照；夏秋育苗要适当遮光。

4.3.9.3　水肥　播种和分苗时水要浇足，以后视育苗季节和墒情适当浇水。苗期以控水控肥为主，在秧苗 2～3 叶时，可结合苗情追 0.3％尿素。

4.3.9.4　撒土　种子拱土时撒一层过筛床土加快种壳脱落。

4.3.9.5　分苗　当苗子叶展平，真叶显现，移入直径 10cm 营养钵中；也可在育苗床上按株行距 10cm×10cm 划块分苗。有条件的，最好直接在直径 10cm 营养钵中，或在苗床上按株行距 10cm×10cm 播种，不进行分苗。

4.3.9.6　炼苗　冬春育苗，定植前 1 周，白天 15℃～25℃，夜间 6℃～8℃。夏秋育苗逐渐撤去遮阳网，适当控制水分。炼苗结束时，幼苗的环境条件应尽可能与定植田环境条件一致，以利于定植后缓苗。

4.3.9.7　壮苗标准　子叶完好、茎基粗、叶色浓绿、下胚轴较短，无病虫害。

4.4　定植前准备

4.4.1　整地施基肥　根据土壤肥力和目标产量确定施肥总量。磷肥全部作基肥，钾肥 2/3 做基肥，氮肥 1/3 做基肥。基肥以优质农家肥为主，2/3 撒施，1/3 沟施，按照当地种植习惯做畦。

4.4.2　棚室消毒　棚室在定植前要进行消毒，每 667m² 设施用 80％敌敌畏乳油 250g 拌上锯末，与 2kg～3kg 硫黄粉混合，分 10 处点燃，密闭一昼夜，通风后无味时定植。

4.5 定植

4.5.1 定植时间 冬春季节，在地下 10cm 最低土温稳定通过 12℃后定植；秋季根据苗龄确定定植时间。

4.5.2 定植方法及密度 定植前 2 天苗床或营养钵要浇透水。冬春季节，定植应选择晴天的上午进行，定植垄要覆盖地膜。保护地可采用大小行栽培。根据品种特性、气候条件及栽培习惯，一般每 667m² 定植 2 000 株左右；长季节大型温室、大棚栽培，667m² 定植 1 300 株～1 700 株。

4.6 田间管理

4.6.1 保护地内温度

4.6.1.1 缓苗期 白天 28℃～30℃，晚上不低于 18℃。

4.6.2 缓苗后 白天 20℃～25℃左右，夜间不低于 13℃。

4.6.3 保护地内光照 采用透光性好的耐候功能膜，保持膜面清洁，白天揭开保温覆盖物，日光温室后部张挂反光幕，尽量增加光照强度和时间。夏秋季节适当遮阳降温。

4.6.4 保护地内空气湿度 根据西葫芦不同生育阶段对湿度的要求和控制病害的需要，最佳空气相对湿度的调控指标是缓苗期 80%～90%、开花结瓜期 70%～85%。

4.6.5 保护地内二氧化碳 有条件时，冬春季节棚内应补充二氧化碳，使设施内的浓度达到 800mL/m³～1 000mL/m³。

4.6.6 肥水管理

4.6.6.1 保护地内采用膜下滴灌或暗灌。定植后及时浇水，3d～5d 后浇缓苗水，根瓜坐住后，结束蹲苗，浇水追肥，冬春季节不浇明水，一般每 10d～15d 浇 1 次水，而且要选晴天的中午进行。保护地内土壤相对湿度应保持在 60%～70%，夏秋季节保持在 75%～85%。

4.6.6.2 根据西葫芦生长势和生育期长短，按照平衡施肥要求施肥，适时追施氮肥和磷、钾肥。同时，应有针对性地喷施微量元素肥料，根据需要可喷施叶面肥防早衰。

4.6.6.3 使用肥料应符合 NY/T 496 的要求。城市生活垃圾一定要经过无害化处理，质量达到 GB 8172 中 1.1 的技术要求才能使用。

4.6.7 保护地内植株调整

4.6.7.1 吊蔓或插架绑蔓 长季节栽培，用尼龙绳吊蔓或用细竹竿插架绑蔓。

4.6.7.2 摘除侧枝、打底叶及疏花疏果 保护地栽培应及时摘除侧枝，采用落蔓方式调整植株高度。病叶、老叶、畸形瓜要及时打掉。若雌花太多应及时进行疏花疏果。

4.6.8 人工授粉 西葫芦保护地及早春露地栽培，需进行人工授粉，根据栽培方式、栽培季节及品种的不同，授粉应在上午 7 时～10 时进行，选择当天开放的雄花给当天开放的雌花授粉，每朵雄花可授 2 朵～3 苯雌花。

5 病虫害防治

5.1 主要病虫害

5.1.1 主要病害 猝倒病、白粉病、病毒病、褐腐病、疫病、黑星病、灰霉病。

5.1.2 主要虫害 蚜虫、白粉虱、红蜘蛛、美洲斑潜蝇等。

5.2 防治原则 按照预防为主，综合防治的植保方针，坚持以农业防治、物理防治、生物防治为主，化学防治为辅的无害化治理原则。

5.3 防治方法

5.3.1 农业防治

5.3.1.1 选用抗病品种 针对当地主要病虫害发生情况，选用高抗品种。

5.3.1.2 提高植株抗逆性 通过培育适龄壮苗、进行低温炼苗等措施，提高植株抗逆性。

5.3.1.3 创造适宜的生育环境条件。

5.3.1.3.1 控制好温度 保护设施栽培，要通过放风和辅助加温等措施，控制好不同生育时期的适宜温度，避免低温和高温的危害。

5.3.1.3.2 控制好空气湿度和土壤含水量 保护设施栽培，要通过地面覆盖、滴灌或暗灌、控制浇水量、通风排湿、温度调控等措施控制空气相对湿度在最佳指标范围；露地栽培通过采用深沟高畦、采取适宜的浇水方式、严防积水等措施控制土壤含水量。

5.3.1.3.3 改善光照和气体条件 保护设施栽培，要尽量给予充足的光照，提高二氧化碳浓度，以满足植株生长的需要。

5.3.1.3.4 清洁田园 将残枝败叶和杂草清理干净，集中进行无害化处理，保持田间清洁，以消除和减少侵染性病虫害的传染源。

5.3.1.4 进行耕作改制 与非瓜类作物轮作 3 年以上。有条件的地区实行水旱轮作。

5.3.1.5 科学施肥 测土平衡施肥，增施充分腐熟的有机肥，少施化肥，防止土壤盐渍化。

5.3.2 物理防治

5.3.2.1 设施防护 温室和大棚的放风口使用防虫网封闭，夏秋季覆盖塑料薄膜、防虫网和遮阳网，进行避雨、遮阳、防虫栽培，减轻病虫害的发生。

5.3.2.2 黄板诱杀 保护设施内悬挂黄板诱杀蚜虫、白粉虱等害虫。规格为 25cm×40cm 的黄板，每 667m² 需悬挂 30 块～40 块。

5.3.2.3 银灰膜驱避蚜虫 铺银灰色地膜或张挂银灰膜膜条避蚜。

5.3.2.4 高温消毒 棚室在夏季宜采取闷棚措施，利用太阳能对土壤进行高温消毒处理。

5.3.2.5 杀虫灯诱杀害虫 利用频振杀虫灯、黑光灯、高压汞灯、双波灯诱杀害虫。

5.3.3 生物防治

5.3.3.1 天敌 积极保护利用天敌，防治病虫害。如用丽蚜小蜂防治白粉虱等。

5.3.3.2 生物药剂 应优先采用生物药剂防治病虫害。如用浏阳霉素防治红蜘蛛等。

5.3.4 化学药剂防治

5.3.4.1 使用原则与要求

5.3.4.1.1 各地根据当地实际情况，可以使用本标准规定以外的化学药剂进行防治病虫害，但使用化学药剂防治应符合 GB 4285 和 GB/T 8321（所有部分）的要求。

5.3.4.1.2 保护设施内优先采用粉尘法、烟熏法。注意轮换用药，合理混用。严格控制农药安全间隔期。

5.3.4.1.3 禁止使用高毒、剧毒、高残留的农药，如甲胺磷、甲基对硫磷、对硫磷、久效磷、磷胺、甲拌磷、甲基异柳磷、特丁硫磷、甲基硫环磷、治螟磷、内吸磷、克百威、涕灭威、灭线磷、硫环磷、蝇毒磷、地虫硫磷、氯唑磷、苯线磷等农药及其混合配剂。

5.3.4.2 病害的防治

5.3.4.2.1 猝倒病 于发病初期，用杀毒矾 64％可湿性粉剂 65g～80g 配制成 500 倍～600 倍液，或用扑海因 50％可湿性粉剂 25g～35g 配制成 1 200 倍～1 500 倍液，或用甲基托布津 70％可湿性粉剂 50g～70g 配制成 600 倍～800 倍液，进行喷施。

保护地内，667m² 可用百菌清 5％粉尘剂 1kg 进行喷洒，或用百菌清 45％烟剂 110g～180g 熏烟。

5.3.4.2.2 病毒病 以预防为主，控制和杀灭蚜虫、斑潜蝇等传播害虫。

5.3.4.2.3 白粉病 667m² 用三唑酮 25％可湿性粉剂 12g～15g 配制成 2 500 倍～3 000 倍液，或用特富灵（氟菌唑）30％可湿性粉剂 15g～20g 配制成 2 000 倍～2 500 倍液，于发病初期进行喷施。

保护地内可用百菌清 45％烟剂（安全型），667m² 用量 110g～180g，或速克灵（腐霉利）10％烟剂，667m² 用量200g～250g，进行熏烟。

5.3.4.2.4 灰霉病 667m² 用速克灵 50％可湿性粉剂 20g～40g 配制成 1 000 倍～2 000 倍液，或用扑海因 50％可湿性粉剂20g～30g 配制成 1 500 倍～1 800 倍液，或用农利灵 50％可湿性粉剂 75g～100g 配制成 500 倍～1 000 倍液，于发病初期喷施。

保护地内可用百菌清 45％烟剂（安全型），667m² 用量 110g～180g，或速克灵（腐霉利）10％烟剂，667m² 用量200g～250g，进行熏烟。

5.3.4.2.5 褐腐病 于发病初期，667m² 用杀毒矾 64％可湿性粉剂 65g～80g 配制成 500 倍～600 倍液，进行喷施。

5.3.4.2.6 疫病 667m² 用杀毒矾 64％可湿性粉剂 65g～80g 配制成 500 倍～600 倍液，于发病初期喷施。或 667m² 用克露 72％可湿性粉剂 135g～200g 配制成 500 倍～600 倍药土，在雨季到来前撒于瓜根周围进行预防，每 667m² 用药土 80kg～100kg。

5.3.4.2.7 黑星病 于发病初期，667m² 用 75％百菌清可湿性粉剂 65g～80g 配制成 500 倍～600 倍液，或用扑海因 50％可湿性粉剂 20g～25g 配制成 1 500 倍～800 倍液，进行喷施。

5.3.4.3 虫害的防治

5.3.4.3.1 蚜虫 667m² 用啶虫脒 20％乳油 16mL～20mL 配制成 2 000 倍～2 500 倍液，或用高效氟氯氰菊酯 2.5％乳油 26.7mL～3.3mL 配制成 1 200 倍～1 500 倍液，或用氯氰菊酯 10％乳油 25mL～35mL 配制成 1 200 倍～1 600 倍液，或用顺式氯氰菊酯 10％乳油 5mL～10mL 配制成 4 000 倍～8 000 倍液，进行喷雾。

5.3.4.3.2　白粉虱　于为害初期，667m² 用联苯菊酯 10％乳油 5mL～10mL 配制成 4 000 倍～8 000 倍液，或用溴氰菊酯 2.5％乳油 20mL～25mL 配制成 1 500 倍～2 000 倍液，进行喷施。

5.3.4.3.3　红蜘蛛　于为害初期，667m² 用苯丁锡 50％可湿性粉剂 20g～40g 配制成 1 000 倍～2 000 倍液，或用联苯菊酯 10％乳油 5mL～10mL 配制成 4 000 倍～8 000 倍液，进行喷施。

5.3.4.3.4　美洲斑潜蝇　于产卵期或孵化初期，667m² 用毒死蜱 48％乳油 50mL～75mL 配制成 500 倍～800 倍液，或用氰戊菊酯 20％乳油 15mL～25mL 配制成 1 500 倍～2 500 倍液，或用喹硫磷 25％乳油 50mL～70mL 配制成 600 倍～800 倍液，进行喷施。

6　采收

根据当地市场消费习惯及品种特性，及时分批采收，减轻植株负担，以确保商品果品质，促进后期植株生长和果实膨大。根瓜应适当提早采摘，防止坠秧。